模式识别与机器学习技术

牟少敏　时爱菊　著

北　京
冶金工业出版社
2022

内 容 提 要

模式识别与机器学习是计算机科学与技术的重要研究内容之一。

本书首先讲解了贝叶斯分类、支持向量机和人工神经网络等常用的机器学习算法，并对结构数据的核函数和增量支持向量机算法进行了全面综述，讲解了深度学习最新的模型和计算机视觉的基本知识。以农业为应用场景，结合作者的科研工作，详细介绍了基于卷积神经网络的树木识别和基于对抗生成网络的玉米病害图像生成的实际应用案例。最后介绍了模式识别与机器学习涉及的数学基础。书中配有模式识别与机器学习相应算法的 Python 源代码。

本书适合计算机科学与技术、数据科学与技术等相关专业的研究生和本科生使用，也可供从事农业大数据研究工作等相关人员参考。

图书在版编目（CIP）数据

模式识别与机器学习技术/牟少敏，时爱菊著 . —北京：冶金工业出版社，2019.6（2022.9 重印）

ISBN 978-7-5024-8130-8

Ⅰ.①模…　Ⅱ.①牟…　②时…　Ⅲ.①模式识别—研究　②机器学习—研究　Ⅳ.①TP391.4　②TP181

中国版本图书馆 CIP 数据核字（2019）第 122402 号

模式识别与机器学习技术

出版发行	冶金工业出版社	**电　话**	（010）64027926
地　址	北京市东城区嵩祝院北巷 39 号	**邮　编**	100009
网　址	www. mip1953. com	**电子信箱**	service@ mip1953. com

责任编辑　卢　敏　美术编辑　吕欣童　版式设计　孙跃红
责任校对　卿文春　责任印制　李玉山

北京建宏印刷有限公司印刷

2019 年 6 月第 1 版，2022 年 9 月第 5 次印刷

710mm×1000mm　1/16；9.75 印张；185 千字；141 页

定价 46.00 元

投稿电话　（010）64027932　投稿信箱　tougao@cnmip. com. cn
营销中心电话　（010）64044283
冶金工业出版社天猫旗舰店　yjgycbs. tmall. com
（本书如有印装质量问题，本社营销中心负责退换）

前　言

　　模式识别和机器学习是涉及计算机科学与技术、概率论与数理统计、图像处理技术、最优化和认知科学等多领域交叉的学科，是人工智能的重要组成部分，广泛应用于计算机视觉和语音识别等领域。

　　本书是作者在长期从事模式识别和机器学习研究及其在农业中应用的基础上编写的。全书共 11 章。第 1 章简要介绍了模式识别与机器学习的基础知识；第 2 章主要介绍了判别函数；第 3 章主要介绍了特征提取与特征选择；第 4 章、第 5 章和第 6 章深入浅出地介绍了机器学习和模式识别的基本算法；第 7 章主要介绍了人工神经网络和最新的几种深度神经网络；第 8 章结合作者的科研工作，以农业为背景，详细介绍了机器学习与模式识别的应用；第 9 章和第 10 章主要介绍了涉及模式识别和机器学习的数学基础知识；第 11 章介绍最优化理论与信息论。

　　时爱菊、王秀美、曹旨昊、苏婷婷和董萌萍参加了部分章节的编写和修改工作，在此表示衷心的感谢。

　　书中不妥之处敬请读者批评指正。

牟少敏

2019 年 3 月于山东农业大学

目　录

1 模式识别与机器学习基本概念

1.1 模式识别

模式识别的概念最早于 20 世纪 20 年代提出，到 60 年代初逐步发展成为一门综合性学科。其研究内容涉及数学、机器学习、图像处理、计算机视觉和人工智能等多个领域。30 年代 Fisher 提出的统计分类理论，为统计模式识别打下理论基础；50 年代美籍华人傅京孙教授提出了结构模式识别；60 年代 L. A. Zadeh 提出模糊集合理论，为模糊模式识别奠定了理论基础；80 年代人工神经网络和 90 年代支持向量机，成为模式识别的主要方法。2016 年深度学习的提出又为模式识别的广泛应用奠定了良好的基础。

人类可以很容易地通过对事物的感知识别出图 1-1 场景中的对象——台历、电脑、水杯和它们的位置关系；那么人是如何实现这一功能的呢？其学习机制和学习方法又是什么呢？如何让机器模仿人类实现识别的功能呢？模式识别与机器学习的任务就是让计算机模仿人类的识别机理进行检测和识别的过程。

图 1-1　场景

1.1.1　基本概念

1.1.1.1　模式与模式类（Pattern and Pattern class）

（1）模式：时间和空间中客观存在的物体、行为和关系等称为模式。模式具有可观察性、可度量性、可区分性和相似性等特点。

模式举例如下：

连续可枚举：｛Red，Green，Blue｝；

无限可列：｛所有的负整数｝；

有限连续：温度［10，100］；

无限不连续：｛所有的正整数｝。

（2）模式类：模式类是一类事物的总称，这类事物是具有某些共同特性的模式的集合。

模式是一个具体的事物，模式类则是具体事物的抽象。

1.1.1.2 模式识别（Pattern Recognition）

现实世界中，模式识别无处不在，无时不有。如："物以类聚，人以群分"和"近朱者赤，近墨者黑"等都是模式识别的应用。模式识别指的是机器的模式识别，即让机器模仿人类识别的过程进行模式的识别。模式识别的目的是利用计算机对物体、行为和关系等模式进行分类，在错误概率最小或风险最低的情况下，使识别的结果尽量与客观现实相一致。简单地说，识别就是将某个具体的事物尽可能正确地归到某一类别。

1.1.1.3 特征（Feature）

在模式识别中，被采集的每个对象称为样本。相关的每个因子或属性称为样本的特征，其量化的数据类型有数值型和非数值型两种。非数值型特征需要转化为相应的数值特征。样本的特征构成了样本特征空间，每个样本是特征空间中的一个点。

例如：对某种昆虫进行分类时，需要选择和提取它的各种特征并进行量化。例如：昆虫的颜色和大小等都可以作为识别的重要特征。

1.1.1.4 特征向量与特征空间（Feature Vector and Feature Space）

如果对象 X 有 n 个特征量测量值，则可以把 X 看做一个 n 维列向量，表示为：$X = (x_1, x_2, \cdots, x_i, \cdots, x_n)^{\mathrm{T}}$，$(i = 1, 2, \cdots, n)$，即构成一个 n 维的特征向量。

各种不同取值的特征矢量的全体构成了多维特征空间。注：特征矢量就是特征空间中的一个点。一般用 X^n 或 R^n 表示特征空间。n 是空间的维数，空间的维数就是特征的个数。特征向量举例说明如下：

学生 = ｛学号，姓名，性别，籍贯，年龄｝构成一个 5 维的学生的特征矢量。

每个特征向量的取值都是在一定范围内变化，例如：学号：20180001 至

201810000；姓名：1 至 8 个汉字组成；性别：男或女，分别用 0 和 1 来表示；籍贯：中国某个城市或县城；年龄：是 16 至 40 间的正整数。5 个属性的取值范围构成了相应的特征空间。

1.1.1.5 风险决策（Venture Decision）

对事物进行分类或决策时，都有可能产生错误，不同性质的错误会产生各种不同程度的损失，即分类有风险，决策须谨慎。衡量了决策后果的决策称为风险决策。例如：进行股票交易就要冒风险；金融投资、投资建设项目和企业的规划等都要冒风险。

1.1.1.6 模式空间与特征空间（Pattern Space and Feature Space）

模式识别实质是从模式空间到特征空间，再从特征空间到类别空间进行的映射的过程。对样本进行观测得到的数据的集合构成模式，所有样本数据的集合构成模式空间。模式空间到特征空间通常需要适当的变换和选择，即特征提取和选择。

利用某些知识和经验可以确定分类原则，称为判别规则。根据适当的判别规则，将特征空间里的样本区分成不同的类型，从而将特征空间转换成了类别空间。类别空间中不同类别的分界面称为决策面。

1.1.1.7 归一化（Normalization）

归一化是数据预处理常用的方法之一。归一化方法有两种形式，一是把数据映射在（0，1）之间；二是把有量纲表达式经过变换，化为无量纲的表达式，便于不同单位或量级的指标进行比较。

例 1-1 试将 {2.5　3.5　0.5　1.5} 归一化后变为：{0.3125　0.4375　0.0625　0.1875}

解：归一化的公式如式（1-1）所示：

$$x_i = \frac{x_i}{\sum\limits_{j=1}^{n} x_j} \tag{1-1}$$

2.5＋3.5＋0.5＋1.5 = 8，2.5/8 = 0.3125，3.5/8 = 0.4375，0.5/8 = 0.0625，1.5/8 = 0.1875。

如果归一化的公式如式（1-2）所示，试计算归一化的结果的值是多少？

$$X = (X_0 - Min)/(Max - X_0) \tag{1-2}$$

式中　X_0——原始值；

　　　X——变换后的值。

假设学生有身高、体重和年龄三个特征变量，其度量单位分别为：厘米、千克和岁，假设其均值分别为：170 厘米，60 千克和 20 岁。由于量纲不同，如果数量值都为 120，对身高就太矮，对体重则严重超重，而对年龄则几乎不太可能。通常情况下，度量单位越小，数值越大，对结果的影响也越大。归一化目的是防止特征的某一维或几维对数据影响过大，加快程序运行。

1.1.1.8　正则化（Regularity）

特征数量过多或训练样本过少有可能导致过拟合现象。通常采用降维技术或增加样本数量的方法解决过拟合现象。降维技术可以通过专家的经验进行特征的选择，也可以通过主成分分析（Principal Component Analysis，PCA）和因子分析法（Factor Analysis，FA）等降维算法来实现。在模式识别过程中，出现过拟合现象时，如果样本数量有限，也不期望减少特征数量，可以用正则化来一定程度控制或解决过拟合问题。

正则化是为了防止过度拟合现象（过于复杂的模型），在损失函数里增加每个特征的惩罚因子的过程，即正则化可以减少过度拟合问题。正则化保留所有的特征，但是减少参数的大小，实际上是通过参数约束，在某种程度上减少过拟合。

1.1.2　模式识别应用

模式识别的应用已经渗透到了各个应用领域。由于模式识别的主要任务是利用计算机对客观世界的事物进行判断和识别，因此模式识别应用场景有：生物识别技术、入侵检测系统、签名识别和医学影像等。生物识别技术是指虹膜识别（Iris Recognition，IR）、人脸识别（Face Recognition，FR）、指纹识别（Fingerprint Recognition，FR）和语音识别（Automatic Speech Recognition，ASR）等。

虹膜识别是利用人眼虹膜具有唯一性和稳定性等特点，进行身份认证和识别的过程。唯一性是指人的眼睛是没有完全相同虹膜结构，稳定性则是指虹膜纹理不变。只有活体才能进行虹膜识别。虹膜识别的过程分为 4 个步骤：虹膜图像获取、预处理、特征提取和匹配。虹膜图像采集是用特定的数码设备对人眼拍摄。预处理是对拍摄到的眼部图像进行图像平滑、边缘检测和图像分离等操作。特征提取是从分离出的虹膜图像中提取出特征并编码。特征提取和匹配则是根据特征编码与数据库中存储的虹膜图像特征编码进行比对、验证和识别。

人脸识别是通过人脸图像进行身份认证和识别的过程。为保证安全性，人脸识别技术常常采用活体检测技术，如：让人进行左转、右转、张嘴和眨眼等动作，指令配合错误则判断可能是伪造欺骗。活体检测技术已经成功应用于银行卡的办理和宾馆入住等多个应用领域。

　　指纹识别是提取指纹图像的指纹特征，通过识别算法进行识别，来确定指纹所有人身份的生物特征的识别技术，主要包括：指纹图像采集、指纹图像预处理、特征提取、特征值比对与匹配等过程。指纹识别应用也非常广泛，如：智能手机常常采用指纹识别和人脸识别技术进行身份验证。

　　语音识别则是以语音为研究对象，利用语音信号处理和模式识别技术，让机器自动识别和理解人的语言的过程。即语音识别通过提取语音中的语言的文字信息，将人的语音中的词汇内容转换为计算机可读的数。语音识别技术广泛应用于语音输入法、语音拨号、语音导航和简单的听写数据录入等。常用的语音识别算法有：隐马尔可夫模型（Hidden Markov Model，HMM）、支持向量机和人工神经网络。目前深度学习应用于语音识别取得了非常好的效果。

　　文本分类是根据文本内容利用模式识别和机器学习技术进行文本分类的过程。许多模式识别与机器学习算法应用于文本分类。

　　入侵检测系统（Intrusion Detection System，IDS）是对计算机和网络资源的恶意使用行为进行识别和相应处理的系统，是为保证计算机系统的安全而设计与配置的能够及时发现并报告系统中未授权或异常现象的技术。目前基于机器学习与模式识别的入侵检测很多，如：基于遗传算法、基于 SVM 和基于神经网络的入侵检测等，其漏报率和误报率达到了实用要求。

　　车牌识别技术就是将汽车牌照从复杂背景中提取并进行识别的过程。简单地说就是对车牌的拍照进行识别。车牌识别技术可以解决传统人工登记费时费力的问题，实现自动抬杆、自动计费、自动验证用户身份、自动区分内外部车辆、自动计算车位数、自动报警等自动化和智能化的车辆管理。车牌识别技术主要包括：车牌提取、车牌预处理和车牌的识别。车牌的预处理主要包括车牌提取、车牌定位和字符分割。车牌定位由车牌定位和倾斜校正组成。车牌定位可采用颜色、边缘形状和纹理特征等进行检测定位。

　　模式识别与机器学习在医学影像分析和遥感图像分类中也取得了广泛的应用。如：医生可以根据心电图，判断病人是否患有心脏病，通过遥感图像分类可以获得土地利用和植被覆盖图，对环境保护和土地利用有辅助决策作用。

　　目前，虽然模式识别与机器学习技术应用广泛，但仍面临着许多挑战，存在许多问题需要深入研究。在人脸识别中，诸多因素影响着识别的准确率。如：不同角度照射的光线；随着时间的流逝，特征的变化是绝对的，不变是相对的，如随着人的年龄变化，人脸也在发生变化；人脸角度变化的影响，人的仰视、低头等各种姿态变化，都会对识别的精度产生较大的影响。在语音识别中，存在着由于人的心理和生理变化而引起的语音变化；环境和信道等因素造成语音信号失真等问题需要深入研究。在大数据环境下模式识别算法改进等问题需要深入研究。

1.1.3 模式识别系统

典型的模式识别系统由数据获取、预处理、特征提取与选择、分类器设计和分类决策5部分组成，如图1-2所示。

图1-2 模式识别系统的组成

模式识别系统各部分的基本功能如下：

（1）数据获取：数据的获取途径或来源有很多种方式。例如：可以通过传统的问卷调查等形式获取数据信息；可以通过网络爬虫软件，按照实际需求自动抓取互联网上的相关数据；可以通过各种传感器获取数据。数据可以是温度、湿度、文字、图像和声音等。

（2）数据预处理：数据预处理可以有效地提高数据的质量，有利用提高模式识别和机器学习的性能。实际应用中，其方法多种多样，下面介绍几种常用的方法。

1）数据归一化。把某个特征的所有样本取值限定在0~1范围内，如 [-1, 1] 或 [0, 1]。

2）数据二值化。把数据的特征取值根据阈值转为0或1。

3）数据缺损值处理。由于各种原因，导致获取的数据出现缺失的现象。对于缺损的特征数据，采取数据填补的方法解决。常用的填补方法有：均值、中位数和众数填补等。

4）数据类型转换。如果数据的特征是非数值型的，则需要转换为数值型。

对由于信息获取装置或其他因素所造成的信息退化需要进行复原和去噪。对于离群点、不一致的值、重复数据及有特殊符号的值的也要进行相应的处理。

（3）特征提取与选择：在获取了原始特征后，需要通过特征提取和选择获取生成有效特征。在保证识别精度的前提下，起到降维的作用，避免产生维数灾难。

（4）分类器设计：假设样本集为 $D = \{x_1, x_2, \cdots, x_n\}$，分别属于 c 个类别：$\omega_1, \omega_2, \cdots, \omega_c$。分类器设计就是建立函数模型 $g(x)$，对未知类别的样本 x 进行判别分类的过程。其基本过程是采集样本构建训练集，建立判别函数，确定分类判别规则，确定分类函数机器相应的参数，利用判别函数对 x 进行分类。同时，尽量保证所造成的错误率或损失最小。

（5）分类决策：在特征空间中，用分类器设计确定的分类判别规则，将待识样本归为某一类别。

1.1.4 模式识别基本方法

模式识别的基本方法主要包括基于知识模式识别和基于数据模式识别两大类。

1.1.4.1 基于知识的模式识别

在模式识别中，许多实际问题是难以用统计模式识别来解决。1970 年，美籍科学家傅京孙最早研究句法模式识别（Syntax Pattern Recongnition，SPR），着眼于对待识别对象的结构特征的描述。其基本思想是把复杂的模式分解为较简单的子模式的组合，子模式再分解为更简单的子模式的组合，最终得到一个符号串、树和图描述。在底层的最简单的子模式称为模式基元。其主要理论是形式语言和自动机。句法模式识别的优点是由简至繁，反映模式的结构特征。缺点是噪声对抽取特征基元有较大的影响。

1.1.4.2 基于数据的模式识别

基于数据的模式识别基础是统计模式识别（Statistic Pattern Recognition，SPR）。统计决策理论——根据是根据训练样本的每一类总体的概率分布决定决策边界（Decision Boundary）。统计模式识别的主要方法有：判别函数法、近邻分类法、非线性映射法和特征分析法等。

统计模式识别的基本原理是相似性的样本在模式空间中互相接近，即"样本以类聚"。其分析方法是根据模式所测得的特征向量 $X_i = (x_{i1}, x_{i2}, \cdots, x_{id})^T$，$(i = 1, 2, \cdots, N)$，把给定的模式归入 c 个类 $\omega_1, \omega_2, \cdots, \omega_c$ 中，然后根据模式之间的距离函数来判别分类。式中，T 表示转置；N 为样本的数目；d 为样本特征数。

1.1.5 模式识别基本问题

1.1.5.1 模式类紧致性

分类器的准确率或分类的难易程度与模式在特征空间中的分布是有着密切关系的，例如图 1-3 表示了两类样本在空间中的 3 种分布情况。图 1-3a 紧致性较好，样本容易区分，是线性可分。图 1-3b 紧致性一般，分界面比较复杂，但样本可以分开，是非线性可分。图 1-3c 紧致性非常差，无法将它们完全正确分类。

从图 1-3 可以看出：模式类紧致性主要是指样本的分布是否存在相互混合或边界线很复杂的现象。

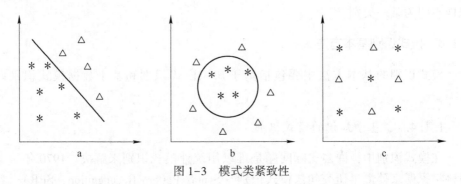

图 1-3 模式类紧致性

1.1.5.2 相似和等价

同类事物属于相同类别是由于某些属性是相似的，分类就是根据事物之间的相似程度进行划分的。描述样本点之间相似性的函数有两种：相似系数和距离函数。

相似系数的值可以刻画样本点的相似性。样本点越相似，则其相似系数值越接近 1；样本点越不相似，则相似系数值越接近 0。

距离函数是目前常用的相似性度量。样本集合 X，样本 x_i 和 x_j 的相似性度量 $\delta(x_i, x_j)$ 满足：（1）非负性，即 $\delta(x_i, x_j) \geqslant 0$；（2）对称性即 $\delta(x_i, x_j) = \delta(x_j, x_i)$。

满足对称和自返关系是相似关系；同时满足对称、自返和传递关系是等价关系。

1.1.6 模式识别基本准则

在算法设计和实际应用中，模式识别的基本准则简要介绍如下。

（1）奥卡姆剃刀原理（Occam's Razor）。奥卡姆提出的原理"如无必要，勿增实体"，即：不要简单问题复杂化，在选择假设和模型时，要尽量将没用的和会将问题复杂化的因素去掉。

（2）没有免费午餐定理（No Free Lunch Theorem）。没有最好的分类算法，每种分类算法都有其优点和缺点。

（3）丑小鸭定理（Ugly Duckling Theorem）。20 世纪 60 年代，美籍日本学者渡边慧证明了著名的丑小鸭定理。即：丑小鸭和白天鹅之间的区别和两只白天鹅的区别一样大。这个定理似乎是错误的。其实它的含义为：一切分类的标准都是有主观性的。

1.2 机器学习

1.2.1 简介

1997 年，Mitchell T M 给出了机器学习的定义是"计算机利用经验改善系统自身性能的行为"。目前，常用的机器学习算法有：梯度下降法（Gradient Descent，GD）、K 最近邻（K-Nearest Neighbor，KNN）、C 均值聚类（C-Means Clustering，CMC）、决策树（Decision Tree，DT）、随机森林（Random Forest，RF）、贝叶斯分类（Bayesian Classification，BC）、支持向量机（Support Vector Machine，SVM）和神经网络（Neural Networks，NNs）等。

梯度下降法是最简单和最常用的最优化方法。如果目标函数是凸函数，则梯度下降法求得解是全局解。梯度下降法的基本思想是将当前位置负梯度方向作为搜索方向，该方向是当前位置的最快下降方向，其越接近目标值，步长越小，前进越慢。

目前，大数据和机器学习是信息技术的两大研究热点，而且二者密不可分。大数据的数据量大、数据类型多、价值密度低和处理速度快的特点，对机器学习提出了许多新的要求，同时也为其拓展了巨大的应用空间。如：大数据环境下机器学习算法并行化，需要采用单机的多核并行处理、图形处理器（Graphics Processing Unit，GPU）和超算等技术解决，设计和实现适合大数据特点的机器学习算法。基于 Spark 的机器学习和数据挖掘的算法在智能推荐系统、交互式实时查询等方面都取得了较好的应用。

1.2.2 机器学习的分类

根据训练方式的不同，机器学习可分为：有监督学习、无监督学习和半监督学习。

有监督学习是有类标号的学习。首先用有类标号的样本进行训练获得训练模型，再用训练模型对未知样本进行分类。无监督学习是无类标号的学习，是直接对输入的无类标号样本进行分类的过程。例如：聚类。半监督学习则是用少量有类标号样本和大量无类标号样本进行分类的过程，其主要目的是由于监督学习中样本的标注成本高，所以用大量的无类标号样本来提高学习的性能。

1.2.3 深度学习

机器学习一直是人工智能研究的核心内容之一，深度学习是当前机器学习研究的新热点，已经成为人工智能领域最重要的方法之一。深度学习理论与应用的研究受到了各行各业的空前关注，深度学习在 ImageNet 数据集上的识别准确率已超过人的平均识别水平；AlphaGo 在围棋对弈中战胜了世界级高手韩国的李世石和中国的柯洁；在无人驾驶和医疗诊断中深度学习也取得了显著的效果。

1.3　机器学习与模式识别算法评价指标

机器学习与模式识别算法常用的几种评价指标介绍如下。

1.3.1　查全率与准确率

将算法分类的结果分成如表 1-1 所示的 4 种情况。

表 1-1　查全率与准确率

正　确		错　误	
真正例 （True Positive，TP）	真反例 （True Negative，TN）	假正例 （False Positive，FP）	假反例 （False Negative，FN）
预测为真，实际为真	预测为假，实际为假	预测为真，实际为假	预测为假，实际为真

查全率与准确率定义如下：

$$查准率 = TP/(TP + FP)$$
$$查全率 = TP/(TP + FN)$$

以预测癌症为例：在所有预测为癌症的病人中，实际上患有癌症的病人百分比越高越好。在所有实际患有癌症的病人中，成功预测为患有癌症的病人的百分比越高越好。实际应用中，要想同时获得高的精准率和查全率是很难的。

以文档检索为例。假设：检索到的相关的文档数量为 A，未检索到的相关的文档数量为 C，检索到的不相关的文档数量为 B，检索到的相关的文档数量为 D，则其查全率为 $A/(A+C)$，准确率为 $A/(A+B)$，二者分母不同，查全率的分母是预测为正的样本数，准确率的分母是原来样本中所有的正样本数。查全率越高，检索到的相关的文档越多；查全率越低，检索到的相关的文档越少。准确率越高，检索到的相关的文档越多；查全率越低，检索到的相关的文档越少。

1.3.2　交叉验证

交叉验证是机器学习训练和测试中常用的办法。"交叉"是指训练集中样本与测试集存在重复的样本。交叉验证把样本分为不同的训练集和测试集，训练集用于模型训练，测试集则是用于模型评估的。交叉验证分为简单交叉验证、K 折交叉验证和留一交叉验证。

简单交叉验证是首先将样本数据按比例随机分为训练集和测试集，用训练集训练模型，在测试集上验证模型及相关参数；再将样本打乱，重新划分训练集和测试集，继续训练数据和检验模型，最后选择损失函数评估最优的模型和参数。K 折交叉验证则是把样本数据随机的分为 K 等份，每次随机选择 $K-1$ 份作为训练集进行训练，剩下的 1 份做测试集。重新随机选择 $K-1$ 份来训练数据，重复 K 次后，将 K 次的均值作为对算法精度的估计。留一交叉验证是 K 折交叉验证的特例，此时 K 等于样本数 N。对于 N 个样本，每次选择 $N-1$ 个样本作为训练数据，留一个样本来验证模型。

1.3.3 混淆矩阵

混淆矩阵是分类模型预测结果的情形分析表，是一种可视化工具，比较适用于监督学习。其以矩阵的形式将样本的真实类别与预测类别判断两个标准进行汇总。矩阵行表示真实值，矩阵列表示预测值。二分类的混淆矩阵表现形式如表1-2 所示。

表1-2　二分类的混淆矩阵

混淆矩阵		预测值	
		正	负
实际值	正	a	b
	负	c	d

例如：假设某科研小组成员有 15 人，其中男性 9 人，女性 6 人，分类器将这 15 个人的照片分类，分类预测的结果为 8 个男性和 7 个女性，其相应的混淆矩阵如表 1-3 所示。

表1-3　科研小组的混淆矩阵

混淆矩阵		预测值	
		正（男）	负（女）
实际值	正（男）	7	2
	负（女）	1	5

精确率（男）$= a/(a+c) = 7/(7+1)$
召回率（男）$= a/(a+b) = 7/(7+2)$
准确率 $= (a+d)/(a+b+c+d) = (7+5)/(7+5+2+1)$

多分类混淆矩阵与二类混淆矩阵类似，下面以 3 类问题为例，根据混淆矩阵计算各指标值，见表1-4。

表 1-4   3 类分类混淆矩阵

混淆矩阵		预测值		
		类别 1	类别 2	类别 3
真实值	类别 1	a	b	c
	类别 2	d	e	f
	类别 3	g	h	i

混淆矩阵的行数据元素相加是某类别样本数，列数据元素相加是分类预测后的某类别样本数。

$$精确率(类别 1) = a/(a + d + g)$$
$$召回率(类别 1) = a/(a + b + c)$$

例如：数据集有 150 个样本，共分成 3 类，每类 50 个样本。其混淆矩阵如表 1-5 所示。

表 1-5   样本的混淆矩阵

混淆矩阵		预测值		
		类别 1	类别 2	类别 3
真实值	类别 1	43	5	2
	类别 2	2	45	3
	类别 3	0	1	49

每一行之和为 50，表示 50 个样本，第一行说明类别 1 的 50 个样本有 43 个分类正确，5 个错分为类别 2，2 个错分为类别 3。

1.4   K 近邻算法

K 近邻算法（K-Nearest Neighbor，KNN）是最简单的机器学习算法之一，由 Cover 于 1968 年提出的，它属于有监督的机器学习方法。K 为选择样本数据集中前 K 个最相似的数据。

假设训练数据集为：$T = \{x_i, y_i\}$，其中 $i = 1, 2, 3, \cdots, N$。x_i 是 n 维的特征向量。y_i 属于 $\{c_i, i = 1, 2, 3, \cdots, m\}$，即训练数据集中数据都有类标号。输入无类标号的样本 x，要求判断样本 x 的类别。K 近邻算法基本思想：在训练集中求出与无标签的样本 x 最近邻的 k 个样本点，然后再根据分类决策规则，确定 x 的类别。

K 近邻算法优点是简单易实现，对离群点不敏感，数据类型可以是数值型和离散型。缺点是计算和空间复杂度较高；当样本出现不平衡时，会影响分类的准确率。

K 值的选取对分类结果影响较大。取值过小，学习的近似误差减少，估计误差会增大，容易产生过拟合现象。取值过大，学习的近似误差增大，估计误差会减少。

K 值如何选取呢？学者采取了多种方法对 K 的选取进行了优化和改进。例如：确定最终的类别时，不是简单地使用多数表决投票，而是进行加权投票，距离越近权重越高。可以通过选取多个不同的和最有可能的 K 值，计算其误差率，选择误差率最小的 K 值。之后采用交叉验证选取最优的 K 值。

K 近邻二类分类举例如图 1-4 所示。

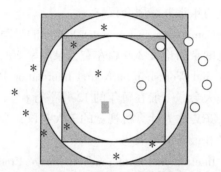

图 1-4　K 近邻二类分类举例

图 1-4 中的两类样本分别用 ∗ 和○表示，图中正方形是待分类样本，如何确定其属于哪一类？

从图 1-4 可以看出：K=3 时，待分类样本属于○形类；K=9 时，待分类样本则属于 ∗ 类。K 取值的不同，其分类结果可能不同。K 近邻法算法中，当训练集、距离度量、K 值和分类决策规则确定后，其结果存在唯一确定性。

1.5　顶级会议和期刊

模式识别和机器学习的主要顶级会议和期刊简单介绍如下，以便论文投稿时参考。

1.5.1　顶级会议

ICMICLR 是 International Conference on Machine Learning Representations 的缩写，是深度学习有名的会议，虽然建立的时间不长，但是质量非常高。

ICML 是 International Conference on Machine Learning 的缩写，国际机器学习大会是机器学习国际顶级会议，每年一次。

ECML 是 European Conference on Machine Learning 的缩写，机器学习方面仅次于 ICML 的会议，备受欧洲人观注。

AAAI 是 Association for the Advancement of Artificial Intelligence 的缩写，世界人工智能领域顶级学术会议。

ICPR 是 International Conference on Pattern Recognition 的缩写, 1973 年, 第一次国际模式识别会议在华盛顿举办, 并成立了国际模式识别协会。每两年举办一届会议, 是模式识别领域最权威的国际会议之一。

CVPR 是 IEEE Conference on Computer Vision and Pattern Recognition 的缩写, 即 IEEE 国际计算机视觉与模式识别会议, 是计算机视觉和模式识别的顶级会议。每年举办一届会议, 录用率在 25%左右。会议一般在每年的 6 月举行。

ICCV 是 International Conference on Computer Vision 的缩写, 由美国电气和电子工程师学会主办, 每两年举办一届会议。

ECCV 是 European Conference on Computer Vision 的缩写, 每两年举办一届会议, 每次会议在全球范围录用论文 300 篇左右, 录用率 20%左右。

NIPS 是 Conference and Workshop on Neural Information Processing Systems 的缩写, 神经信息处理系统大会, 一般在每年的 12 月举行。

CVPR、ICCV 和 ECCV 称为计算机视觉的三大会议, 会议的论文代表了世界计算机视觉的最高水平和最新的发展。

较好的会议还有: International Conference on Image Processing(ICIP)、Winter Conference on Applications of Computer Vision(WACV) 和 Asian Conference on Computer Vision(ACCV) 等。

1.5.2　顶级期刊

PAMI 是 IEEE Transactions on Pattern Analysis and Machine Intelligence 的缩写, 世界模式识别和机器学习领域顶尖的学术期刊之一, 影响因子和排名都非常高。

Neuro Computing 是 CCF 推荐的 C 类期刊。是机器学习和人工智能领域的国际权威 SCI 期刊, 该期刊由 Elsevier 出版集团创办, 主要发表机器学习和模式识别论文。

International Journal of Computer Vision 是国际计算机视觉期刊, 是机器学习和人工智能领域的国际权威 SCI 期刊。

表 1-6~表 1-8 所示为中国计算机学会推荐的人工智能与模式识别国际学术刊物。

表 1-6　A 类

序号	刊物简称	刊　物　全　称	出版社
1	AI	Artificial Intelligence	Elsevier
2	TPAMI	IEEE Trans on Pattern Analysis and Machine Intelligence	IEEE
3	IJCV	International Journal of Computer Vision	Springer
4	JMLR	Journal of Machine Learning Research	MIT Press

表 1-7　B 类

序号	刊物简称	刊 物 全 称	出版社
1	TAP	ACM Transactions on Applied Perception	ACM
2	TSLP	ACM Transactions on Speech and Language Processing	ACM
3	—	Computational Linguistics	MITPress
4	CVIU	Computer Vision and Image Understanding	Elsevier
5	DKE	Data and Knowledge Engineering	Elsevier
6	—	Evolutionary Computation	MIT Press
7	TAC	IEEE Transactions on Affective Computing	IEEE
8	TASLP	IEEE Transactions on Audio, Speech, and Language Processing	IEEE
9	—	IEEE Transactions on Cybernetics	IEEE
10	TEC	IEEE Transactions on Evolutionary Computation	IEEE
11	TFS	IEEE Transactions on Fuzzy Systems	IEEE
12	TNNLS	IEEE Transactions on Neural Networks and learning systems	IEEE
13	IJAR	International Journal of Approximate Reasoning	Elsevier
14	JAIR	Journal of AI Research	AAAI
15	—	Journal of Automated Reasoning	Springer
16	JSLHR	Journal of Speech, Language, and Hearing Research	American Speech-Language-Hearing Association
17	—	Machine Learning	Springer
18	—	Neural Computation	MIT Press
19	—	Neural Networks	Elsevier
20	—	Pattern Recognition	Elsevier

表 1-8　C 类

序号	刊物简称	刊 物 全 称	出版社
1	TALIP	ACM Transactions on Asian Language Information Processing	ACM
2	—	Applied Intelligence	Springer
3	AIM	Artificial Intelligence in Medicine	Elsevier
4	—	Artificial Life	MIT Press

序号	刊物简称	刊 物 全 称	出版社
5	AAMAS	Autonomous Agents and Multi-Agent Systems	Springer
6	—	Computational Intelligence	Wiley
7	—	Computer Speech and Language	Elsevier
8	—	Connection Science	Taylor& Francis
9	DSS	Decision Support Systems	Elsevier
10	EAAI	Engineering Applications of Artificial Intelligence	Elsevier
11	—	Expert Systems	Blackwell/Wiley
12	ESWA	Expert Systems with Applications	Elsevier
13	—	Fuzzy Sets and Systems	Elsevier
14	T-CIAIG	IEEE Transactions on Computational Intelligence and AI in Games	IEEE
15	—	IET Computer Vision	IET
16	—	IET Signal Processing	IET
17	IVC	Image and Vision Computing	Elsevier
18	IDA	Intelligent Data Analysis	Elsevier
19	IJCIA	International Journal of Computational Intelligence and Applications	World Scientific
20	IJDAR	International Journal on Document Analysis and Recognition	Springer
21	IJIS	International Journal of Intelligent Systems	Wiley
22	IJNS	International Journal of Neural Systems	World Scientific
23	IJPRAI	International Journal of Pattern Recognition and Artificial Intelligence	World Scientific
24	—	International Journal of Uncertainty, Fuzziness and KBS	World Scientific
25	JETAI	Journal of Experimental and Theoretical Artificial Intelligence	Taylor & Francis
26	KBS	Knowledge-Based Systems	Elsevier
27	—	Machine Translation	Springer
28	—	Machine Vision and Applications	Springer
29	—	Natural Computing	Springer
30	NLE	Natural Language Engineering	Cambridge University
31	NCA	Neural Computing & Applications	Springer
32	NPL	Neural Processing Letters	Springer
33	—	Neuro computing	Elsevier

序号	刊物简称	刊 物 全 称	出版社
34	PAA	Pattern Analysis and Applications	Springer
35	PRL	Pattern Recognition Letters	Elsevier
36	—	Soft Computing	Springer
37	WIAS	Web Intelligence and Agent Systems	IOS Press

1.5.3 国内重要期刊

国内相关期刊重要的有：《计算机学报》《电子学报》《软件学报》《计算机研究与发展》和《模式识别与人工智能》等期刊。

2 判别函数

2.1 判别函数

判别函数也称为决策函数（Discriminant Function），是样本分类的准则函数。对二类分类问题，直线方程 $d(x) = w_1 x_1 + w_2 x_2 + w_3 = 0$ 称为其判别函数或决策函数，两类线性判别函数如图 2-1 所示。图 2-1 中的 * 和○分别表示两类样本，分别用 ω_1 和 ω_2 表示其类别。+表示表示判别函数大于 0，-表示判别函数小于 0。$W = \{w_1, w_2, w_3\}$ 称为权重向量。

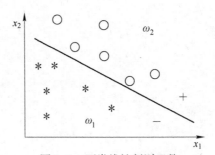

图 2-1　两类线性判别函数

线性分类界面是 n 维空间中的超平面。将 n 维空间分为两部分，每一部分分别属于两个类别。权重向量 W 垂直于分类界面。

将未知类别的样本 x 代入判别函数，则有：

$$d(x) = \begin{cases} > 0 & x \in \omega_1 \\ < 0 & x \in \omega_2 \\ = 0 & \text{不确定} \end{cases} \tag{2-1}$$

判别函数进行模式分类时，有两个关键点：一是判别函数的几何性质，线性判别函数建立较为简单；非线性判别函数建立较为复杂。二是判别函数的系数，判别函数确定后，主要是确定判别函数的系数。

判别函数可以分为线性判别函数和非线性判别函数。

2.1.1 线性判别函数

给定线性判别函数：

$$g(x) = w_1 x_1 + w_2 x_2 + w_3 x_3 + \cdots + w_n x_n + w_{n+1} = w_0 T_x + w_{n+1} \tag{2-2}$$

式中，$X = (x_1, x_2, x_3, \cdots, x_n)$ 称为特征向量；$w_0 = (w_1, w_2, \cdots, w_n)$ 称为权重向量；w_{n+1} 称为偏置；$g(x)$ 称为判别函数。

下面对两类和多类分类问题分别展开讨论。

2.1.1.1 两类问题

假设是两类情况，$g(x)$ 是判别函数，C_1 和 C_2 是类别：

如果 $g(x) > 0$，则判定 x 属于 C_1；

如果 $g(x) < 0$，则判定 x 属于 C_2；

如果 $g(x) = 0$，则可以将 x 任意分到某一类或拒绝判定。

超平面（Hyper plane）：方程 $g(x) = 0$ 定义了一个判定面，它把样本点分为两类，即属于 C_1 类或属于 C_2 类。当 $g(x)$ 是线性函数时，这个平面被称为线性超平面。

定理：权向量是决策面的法向量。

证明：

假设 x_1 和 x_2 在决策平面上，则有：

$$w^T x_1 + w_0 = 0 \tag{2-3}$$

$$w^T x_2 + w_0 = 0 \tag{2-4}$$

式（2-2）与式（2-3）相减得：$w^T(x_1 - x_2) = 0$。上式表明：w^T 与 $(x_1 - x_2)$ 正交，而 x_1 与 x_2 是决策面中的任意两点，即 $x_1 - x_2$ 表示超平面上的一个向量，所以 w^T 与决策面正交，即是决策面的法向量。

不确定区域是指在此区域中，不能直接通过判断函数 $g_i(x)$ 来判定 x 属于哪一类。通常类别越多，不确定区域越多。IR_1，IR_2，IR_3 和 IR_4 都属于不确定区域，如图 2-2 所示。

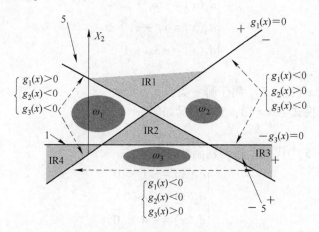

图 2-2　不确定区域

2.1.1.2 多类问题

假设模式有 ω_1, ω_2, $\cdots$, ω_k 共 k 个类别。则多类问题可分 3 种情况：

A 第一种情况

把 k 类问题转化为 k 个两类问题求解。其中第 i 个两类问题是用线性判别函数把属于 C_i 类与不属于 C_i 类的样本点分开，称为两分法。

其判定规则为：

如果判别函数 $g_i(x) > 0$($i = 1$, 2, $\cdots$, k)，则 x 属于 ω_i。

例题 2-1 已知 3 类：ω_1, ω_2 和 ω_3 的判别函数分别为：

$$\begin{cases} g_1(x) = -x_1 + x_2 \\ g_2(x) = x_1 + x_2 - 5 \\ g_3(x) = -x_2 + 1 \end{cases}$$

问：

当样本 $x = (x_1, x_2)^T = (6, 5)^T$ 时，其属于哪一类？

解：

将 x 代入方程组可以求得：

$$g_1(x) = -1, \quad g_2(x) = 6, \quad g_3(x) = -4$$

因为： $g_1(x) < 0, \quad g_2(x) > 0, \quad g_3(x) < 0$

所以由判定规则可知，x 属于 ω_2 类。

不确定区域是指如果对第 i($i = 1$, 2, $\cdots$, M) 个判别函数，某区域中的任意 x，满足 $d_i(x) > 0$ 的个数大于 1，或对任意的 i 都有 $d_i(x) < 0$，该区域称为不确定区域。

例题 2-2 设有三类分类问题，其相应的判别函数为：

$$\begin{cases} d_1(x) = -x_1 + x_2 \\ d_2(x) = x_1 + x_2 - 5 \\ d_3(x) = -x_2 + 1 \end{cases}$$

问：

(1) 模式 $x = (6, 5)^T$ 属于哪一类？

(2) 如果模式为 $x = (3, 5)^T$ 情况如何？

解：

将 $x = (6, 5)^T$ 代入上述判别函数，得：

$$\begin{cases} d_1(x) = -1 < 0 \\ d_2(x) = 6 > 0 \\ d_3(x) = -4 < 0 \end{cases}$$

所以 x 属于第二类。

将 $x = (3, 5)^T$ 代入上述判别函数, 得:

$$
\begin{cases}
d_1(x) = 2 > 0 \\
d_2(x) = 3 > 0 \\
d_3(x) = -2 < 0
\end{cases}
$$

所以分类失败。

B 第二种情况

采用每对划分, 即 ω_i/ω_j 两分法, 一个判别界面只能分开两种类别, 不能把它与其余所有的界面分开。需要 $k(k-1)/2$ 个线性判别函数, 把样本分为 k 个类别, 每个线性判别函数只对其中的两个类别分类。

其判定规则为:

如果对任意的 j 不等于 i, 都有 $d_{ij}(x) \geq 0 (j = 1, 2, \cdots, k)$, 则 x 属于 ω_i。其他情况拒绝识别。

判别函数 $d_{ij}(x)$ 的性质: 若 $d_{ij}(x) > 0$, 则 $d_{ij} = -d_{ji}$

第二种情况的判别区间增大, 不确定区间减小, 比第一种情况小很多。

例题 2-3 已知三类: ω_1, ω_2 和 ω_3 的判别函数分别为:

$$
\begin{cases}
g_{12}(x) = -x_1 - x_2 + 5 \\
g_{13}(x) = -x_1 + 3 \\
g_{23}(x) = -x_1 + x_2
\end{cases}
$$

问:

模式 $x = (4, 3)^T$ 属于哪一类?

解:

$$
g_{12}(x) = -2, \quad g_{13}(x) = -1, \quad g_{23}(x) = -1
$$
$$
g_{21}(x) = -2, \quad g_{31}(x) = 1, \quad g_{32}(x) = 1
$$

因为 $\quad\quad\quad g_{3j}(x) > 0$

所以 x 属于第 ω_3 类。

例题 2-4 设有三类分类问题, 其判别函数为:

$$
\begin{cases}
d_{12}(x) = -x_1 - x_2 + 5 \\
d_{13}(x) = -x_1 + 3 \\
d_{23}(x) = -x_1 + x_2
\end{cases}
$$

问:

(1) 若 $x = (4, 3)^T$ 其属于哪一类?

(2) 若 $x = (2.8, 2.5)^T$ 属于哪一类?

解:

因为 $\quad
\begin{cases}
d_{12} = -2 < 0 \\
d_{13} = -1 < 0
\end{cases}
\quad
\begin{cases}
d_{21} = 2 > 0 \\
d_{23} = -1 < 0
\end{cases}
\quad
\begin{cases}
d_{31} = 1 > 0 \\
d_{32} = 1 > 0
\end{cases}$

$x = (4, 3)^T$ 应属于第 ω_3 类。

若 $x = (2.8, 2.5)^T$，则：

$$d_{12}(x) = -0.3, \ d_{13}(x) = 0.2, \ d_{23}(x) = -0.3$$

所以分类失败。

第一种情况和第二种情况比较：第一种情况需要 M 个判别函数，第二种情况需要 $M(M-1)/2$ 个判别函数。显然，当 M 较大时，后者需要更多的判别式。第一种情况的每个判别函数都要把一个类别与其余 $M-1$ 种类别分开，而不是将一个类别仅与一个类别分开。由于一个类别的样本分布要比 $M-1$ 个类别的样本的分布更为聚集，所以第二种情况对样本是线性可分的可能性比第一种情况更大。

C 第三种情况

第三种情况是第二种情况的特例，是没有不确定区域的 ω_i/ω_j 两分法。如果第二种情况中的 d_{ij} 可分解成：$d_{ij}(x) = d_i(x) - d_j(x)$，则 $d_{ij}(x) > 0$ 相当于 $d_i(x) > d_j(x)$ （$i, j = 1, 2, \cdots, M$），这时不存在不确定区域。该分类的特点是把 M 类情况分成 $M-1$ 个两类问题。

其判别准则为：

如果 $g_i(x) = \max\limits_{1 < j < n} \{g_i(x)\}$，则 x 属于 ω_i。

判别边界： $g_i(x) = g_j(x)$ 或 $g_i(x) - g_j(x) = 0$

即要判别模式 X 属于哪一类别，先把 X 代入 M 个判别函数中，判别函数最大的那个类别就是 X 所属类别。

类与类之间的边界可由 $g_i(x) = g_j(x)$ 或 $g_i(x) - g_j(x) = 0$ 来确定。

例题 2-5 假设有三类分类问题，其相应的判别函数如下：

$$\begin{cases} g_1(x) = -x_1 + x_2 \\ g_2(x) = x_1 + x_2 - 1 \\ g_3(x) = -x_2 \end{cases}$$

问：

模式 $x = (1, 1)^T$ 属于哪一类？

解：属于 ω_1 类的区域应满足 $g_1(x) > g_2(x)$ 且 $g_1(x) > g_3(x)$，ω_1 类的判别界面为：

$$g_{12}(x) = g_1(x) - g_2(x) = -2x_1 + 1 = 0$$

$$g_{13}(x) = g_1(x) - g_3(x) = -x_1 + 2x_2 = 0$$

属于 ω_2 类的区域应满足 $d_2(x) > d_1(x)$ 且 $d_2(x) > d_3(x)$，ω_2 类的判别界面为：

$$g_{21}(x) = g_2(x) - g_1(x) = 2x_1 - 1 = 0, \ 可看出 \ d_{21}(x) = -d_{12}(x)$$

$$g_{23}(x) = g_2(x) - g_3(x) = x_1 + 2x_2 - 1 = 0$$

属于 ω_3 类的区域应满足 $d_3(x) > d_1(x)$ 且 $d_3(x) > d_2(x)$，ω_3 类的判别界面为：

$$g_{31}(x) = -g_{13}(x) = x_1 - 2x_2 = 0$$

$$g_{32}(x) = -g_{23}(x) = -x_1 - 2x_2 + 1 = 0$$

判别边界为：

$$\begin{cases} g_1(x) - g_2(x) = -2x_1 + 1 = 0 \\ g_1(x) - g_3(x) = -x_1 + 2x_2 = 0 \\ g_2(x) - g_3(x) = x_1 + 2x_2 - 1 = 0 \end{cases}$$

把 x 代入判别函数，得判别函数为：

$$g_1(x) = 0, \quad g_2(x) = 1, \quad g_3(x) = -1$$

因为

$$g_2(x) > g_1(x), \quad g_2(x) > g_3(x)$$

所以模式 $x = (1, 1)^T$ 属于第 ω_2 类。

2.1.2　非线性判别函数

线性判别函数的分类能力不强，对于非线性可分的问题无法解决，例如异或问题。可以通过分段线性判别函数、广义线性判别函数和核函数解决。

广义线性判别函数就是把非线性判别函数映射到高维空间中，变成线性判别函数。

如图 2-3 中，$x > a$ 或 $x < b$，则 x 属于 ω_1，$b < x < a$ 则 x 属于 ω_2。

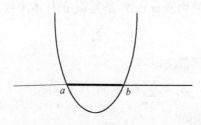

图 2-3　线性不可分

显然没有线性判别函数能解决这一问题。即采用任何线性判别函数都不可能将图中的两类分开。

如果建立一个二次判别函数 $g(x) = (x-a)(x-b)$，则可以很好地解决线性不可分问题。决策规则如下：

如果 $g(x) > 0$，则判定 x 属于 ω_1。

如果 $g(x) < 0$，则判定 x 属于 ω_2。

如果 $g(x) = 0$，则可以将 x 任意分到某一类或者拒绝判定。

二次判别函数 $g(x) = (x-a)(x-b)$ 写成如下形式：

$$g(x) = ab - (a+b)x + x^2 = c_0 + c_1 x + c_2 x^2$$

$$g(x) = \boldsymbol{a}^{\mathrm{T}} y$$

式中，$y = [y_1, y_2, y_3]^{\mathrm{T}} = [x_1, x_2]^{\mathrm{T}}$ $\boldsymbol{a} = [a_1, a_2, a_3]^{\mathrm{T}} = [c_0, c_1, c_2]^{\mathrm{T}}$；$g(x) = \boldsymbol{a}^{\mathrm{T}} y$ 为广义线性判别函数；$\boldsymbol{a}$ 为作广义权向量。

通常对任意次判别函数 $g(x)$ 可以变换化广义线性判别函数，$\boldsymbol{a}^{\mathrm{T}} y$ 不是 x 的线性函数，却是 y 的线性函数。

2.2　Fisher 线性判别函数

Fisher 线性分类器是 1936 年由 R. A. Fisher 提出的。模式识别中经常遇到"维数灾难"的问题。低维空间中行得通的方法在高维空间里可能不行，降低维数此时就会成为解决实际问题的关键。Fisher 判别函数就是使高维问题简化为一维问题的方法。

Fisher 面临的关键问题，一是寻找最好的投影直线方向，二是实现该方向上的投影。求出最易于分类的投影线是 Fisher 的目标。

Fisher 线性判别主要解决把 d 维空间的样本投影到一条直线上，形成一维空间，即把维数压缩到一维。然而在 d 维空间分得很好的样本投影到一维空间后，可能混到一起而无法分割。但一般情况下总可以找到某个方向，使得在该方向的直线上，样本的投影能分开的最好，在低维空间中分割。

在 d 维 X 空间的二类 Fisher 算法步骤如下：

（1）计算各类样本的均值 m_i，N_i 是类 $\boldsymbol{\omega}_i$ 的样本个数，则

$$m_i = \sum_{X \in \boldsymbol{\omega}_i} X_i \tag{2-5}$$

（2）计算样本类内离散度矩阵

$$\boldsymbol{S}_i = \sum_{X \in \boldsymbol{\omega}_i} (X - m_i)(X - m_i)^{\mathrm{T}} \tag{2-6}$$

总样本类内离散度矩阵

$$\boldsymbol{S}_w = \boldsymbol{S}_1 + \boldsymbol{S}_2 \tag{2-7}$$

（3）计算样本类间离散度矩阵

$$\boldsymbol{S}_b = (m_1 - m_2)(m_1 - m_2)^{\mathrm{T}} \tag{2-8}$$

（4）求向量 $\boldsymbol{w}^*$。定义 Fisher 的准则函数

$$J_F(W) = \frac{\omega^{\mathrm{T}} S_b \omega}{\omega^{\mathrm{T}} S_\omega \omega} \tag{2-9}$$

使得 $J(F)$ 取最大值

$$\boldsymbol{w}^* = \boldsymbol{S}_w^{-1}(m_1 - m_2) \tag{2-10}$$

（5）计算在投影空间上的分割阈值 y_0。最常用的方法为：

$$y_0 = \frac{N_1 \widetilde{m_1} + N_2 \widetilde{m_2}}{N_1 + N_2} \tag{2-11}$$

（6）对于给定的 X，计算给定样本 w^* 上的投影点

$$y = (w^*)^{\mathrm{T}} X \tag{2-12}$$

（7）决策分类，有若 $y > y_0$，则 $X \in \omega_1$，反之，$X \in \omega_2$。

3 特征提取与选择

3.1 简介

原始数据的特征数目很大时，为有效地实现分类识别，需要对经过预处理的数据进行选择或变换，得到反映分类本质的特征，构成特征向量。对原始数据的特征进行的选择或变换的过程称为特征的提取和选择。特征选择和特征提取都属于降维技术，目的是将维数较高的模式空间转换为维数较低的特征空间，在保证一定的分类准确率的前提下，提高分类效率。

确定合适的特征是识别的关键问题，特征的提取与选择是模式识别中的关键问题之一。特征是否反映识别对象的本质，直接关系到分类器的设计和性能。因此，针对不同的模式识别的应用场景，应要采用不同的特征提取与选择的方法。对象的原始特征数据可以通过仪表或传感器等采集。原始特征是指通过直接测量得到的特征。例如：温度和湿度传感器采集到的数据、图像中的每个点的像素值。

3.2 基本概念

（1）特征（Feature）：

特征也称为属性，是样本特点的量化集合。一般情况下，特征是数值型数据，非数值型数据需要转化为相应的数值型数据，多个特征构成了特征向量。

样本分为已知样本和未知样本。已知样本是类标号已知样本；未知样本是类标号未知，但其特征已知的样本。

（2）特征提取（Feature Extraction）：

特征提取是对原始特征 $(x_1, x_2, \cdots, x_i, \cdots, x_n)$ 通过某种变换 F 得到新的 $m(m < n)$ 个特征 $(y_1, y_2, \cdots, y_i, \cdots, y_m)$ 的过程，即实现从高维空间映射到低维空间。

（3）特征选择（Feature Selection）：

根据特征选择的准则，从原始特征 $(x_1, x_2, \cdots, x_i, \cdots, x_n)$，选出 $m(m < n)$ 个有效的特征，$(y_1, y_2, \cdots, y_i, \cdots, y_m)$ 实现降低特征维数的目的。

（4）特征选择和特征提取的异同：

特征提取是通过映射或变换将高维特征向量转换为低维的过程。特征选择则是根据原始特征中挑选出最有代表性或最有效的，舍去相对无效的特征的过程。特征选择时要尽量减少特征之间的相关性。

二者的相同之处是在尽可能保留识别信息的前提下，通过特征的降维来实现模式识别。并且都需要按照准则实现，选取适当的准则函数。不同之处是特征的提取是通过变换，而特征选择是直接从原始特征中选取一部分特征。

（5）判别准则（Discriminate Criterion）：

判别准则需要反映出同类模式的相似性，异类模式的差异性。理想的判别准则是选取的特征最少，使得分类器的错误率最小。常用的类别可分性的判据有：基于距离的、基于概率分布的和基于熵函数的类别可分性的判据。

（6）空间关系（Adjacency）：

空间关系是指图像分割出的多个目标之间的相互关系。空间位置信息可以分为相对和绝对空间的位置信息。前者强调的是关系的相对性，如上下左右关系等，后者强调的是目标之间的距离大小和方位。显然空间关系特征常对图像的旋转、反转和尺度变化等比较敏感。

3.3 类别可分性判据

类别可分性判据也称为类别可分性测度。

3.3.1 基于距离的可分性判据

基于距离的可分性计算相对简单。常用的距离有欧氏距离和马氏距离等。

（1）点到点的距离：

n 维空间中，x 与 y 两点间的欧氏距离定义为：

$$D(x, y) = (x - y)^{\mathrm{T}}(x - y) \tag{3-1}$$

（2）点到点集的距离：

n 维空间中，点 x 到点集 $\{a^{(i)}\}$ 之间的均方距离为：

$$D^2(x, \{a^{(i)}\}) = \frac{1}{K} \sum_{i=1}^{K} \left\{ \sum_{k=1}^{n} (x_k - a_k^{(i)})^2 \right\} \tag{3-2}$$

3.3.1.1 类内距离和类内散布矩阵

（1）类内距离：

n 维空间中，同类各样本间的均方距离，即相同类别的各个样本之间的距离。

$$\overline{D^2} = E\{ \| X_i - X_j \|^2 \} \tag{3-3}$$

X_i 与 X_j 是样本空间中的任意两个点。其中 $i, j = 1, 2, \cdots, n$。

（2）类内散布矩阵：

类内散布矩阵表示同类内的各样本点围绕其均值的散布情况，是该类分布的协方差矩阵。矩阵的主对角线上各元素的和称为矩阵的迹。特征选择和提取的类内散布矩阵的迹越小越好。

3.3.1.2 类间距离和类间散布矩阵

（1）类间距离：

类间距离对类别的可分性具有重要作用。每类模式均值向量与模式总体均值向量之间平方距离的先验概率加权和。类间距离表示为：

$$\overline{D_b^2} = \sum_{i=1}^c P(\omega_i) \parallel M_i - M_0 \parallel^2 \tag{3-4}$$

式中　　$P(\omega_i)$——ω_i 类的先验概率；

　　　　M_i——ω_i 类的均值向量；

　　　　M_0——所有 c 类模式的总体均值向量。

（2）类间散布矩阵：

假设质心 m_1 和 m_2 为两类样本集的均值向量，m_{1k} 和 m_{2k} 为 m_1 和 m_2 的第 k 个分量，n 为维数。则其类间散布矩阵为：

$$S_{b2} = (m_1 - m_2)(m_1 - m_2)^{\mathrm{T}} \tag{3-5}$$

3 个类别的类间散布矩阵可以写成：

$$S_b = \sum_{i=1}^3 P(\omega_i)(m_i - m_0)(m_i - m_0)^{\mathrm{T}} \tag{3-6}$$

式中，m_0 为多类分布的总体均值向量，即：

$$m_0 = E(x) = \sum_{i=1}^c P(\omega_i) m_i \tag{3-7}$$

3.3.2 基于概率分布的可分性判据

距离准则是由各类样本间的距离求得的。由于没有考虑各类的概率分布情况，学者又提出了基于概率分布的可分性判据。以二类分类为例，其两种极端情况如图 3-1 所示。图 3-1a 说明，两类完全可分，因为概率密度函数没有重叠，

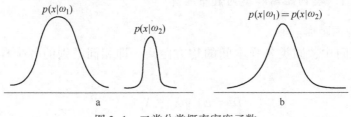

图 3-1　二类分类概率密度函数

所有的样本点都满足：$p(x \mid \omega_1) \neq p(x \mid \omega_2)$；图 3-1b 说明，两类完全不可分，因为概率密度函数完全重叠，所有的样本点都满足：$p(x \mid \omega_1) = p(x \mid \omega_2)$。

概率密度函数的重叠程度反映了两类的可分性，因此类的条概率密度函数可以作为可分性判据。

信息论中的熵用来表示不确定性。熵越大信息的不确定性越大。基于熵函数的可分性判据就是利用熵的概念来描述类别的可分性，熵函数表示平均信息量。平均信息量越小，分类错误的概率就越小。基于熵函数的可分性判据可参考相关文献。

例题 3-1 假定 ω_i 类的样本集为 $X = \{X_1, X_2, X_3\}$，三个样本分别为：

$$X_1 = [1, 1]^T, \quad X_2 = [2, 2]^T, \quad X_3 = [3, 1]^T$$

问：

试用类内散布矩阵进行特征提取，将二维样本变换成一维样本。

解：

（1）样本均值向量和协方差矩阵。

$$M = \frac{1}{3} \sum_{i=1}^{3} X_i = [2, 1, 3]^T$$

$$C = \frac{1}{3} \sum_{i=1}^{3} X_i X_i^T - MM^T = \begin{bmatrix} 0.7 & 0.1 \\ 0.1 & 0.3 \end{bmatrix}$$

（2）根据 $|\lambda I - C| = 0$ 求 C 的特征值，并进行选择。

（3）计算 λ_1 对应的特征向量 $\boldsymbol{\mu}_1$。由方程 $C\boldsymbol{\mu}_1 = \lambda_1 \boldsymbol{\mu}_1$ 得：

$$\boldsymbol{\mu}_1 = [0.5, -2.1]^T$$

归一化处理有：

$$\boldsymbol{\mu}_1 = \frac{1}{\sqrt{0.5^2 + 2.1^2}}[0.5, -2.1]^T = \frac{1}{\sqrt{4.66}}[0.5, -2.1]^T$$

由归一化特征向量 $\boldsymbol{u}_1$ 构成变换矩阵 A：

$$A = \frac{1}{\sqrt{4.66}}[0.5, -2.1]$$

（4）利用 A 对 X_1, X_2, X_3 进行变换。

$$X_1^* = AX_1 = -0.74$$

$$X_2^* = AX_2 = -1.48$$

$$X_3^* = AX_3 = -0.28$$

3.4 主成分分析

3.4.1 简介

假如你是某个公司的财务经理，掌握着公司所有的财务数据，比如固定资产、流动资金、职工人数、职工的教育程度、工资支出、产值、利润、原料的损耗、折旧等等众多数据，如果现在需要你向董事长介绍公司的财务状况，那么将所有的指标和数字原封不动的介绍肯定是不现实的，而且会显得杂乱无章。此时，一种比较好的方法便是用少数几个有代表性的指标进行简单明了的介绍。

在很多实际问题中，往往涉及众多变量，但是变量的增多不仅增加了计算的复杂度，而且也使得分析和解释问题更加繁琐。在处理信息时，如果两个变量有一定的相关关系，可认为这两个变量反映的信息有重叠。一般情况下，每个变量都提供了一定的信息，但是他们所提供的信息的重要程度可能不同，而且很多情况下，这些变量之间具有一定的相关性，从而这些变量所提供的信息在一定程度上有所重叠。

人们希望能够通过对这些信息加以改造，使得用较少的互不相关的新变量来反映原变量所提供的大部分信息，使用这些新变量进行数据建模，将大大减少分析过程的计算量，这便是主成分分析的主要目的。

主成分分析的基本思想是将原来的多个变量转化为少数几个具有极好代表性的综合指标（主成分），使得这少数的指标能够反映出原来的大部分信息（如85%以上），并且这些指标之间互不相关。

值得注意的是，这些少数的综合指标并不是对原有变量的简单取舍，而是对原变量的一种信息重组（特殊的线性组合），因此并不会造成信息的大量丢失。

3.4.2 基本原理

主成分分析是实现数据降维的一种常用方法。其基本原理是通过将原来的多个具有一定相关性的变量 X_1, X_2, …, X_p, 重新组合成一组个数较少、互不相关的综合指标 Y_m 来代替原变量。那么如何提取这些综合指标使其既能最大程度地反映原变量所代表的信息，又能保证新指标之间互不相关（即信息不重叠）是主成分分析研究的主要问题。

设 Y_1 表示原有的 p 个变量的第一个线性组合所形成的综合指标，即

$$Y_1 = a_{11}X_1 + a_{21}X_2 + \cdots + a_{p1}X_p$$

通常人们希望第一个综合指标 Y_1 所含的信息量越多越好，这里信息量的多少用方差 $Var(Y_1)$ 来表示，方差越大，表示 Y_1 所包含的原变量的信息越多。因此选取的 Y_1 应该是原变量 X_1, X_2, …, X_p 的所有线性组合中方差最大的，称 Y_1 为第一主成分。如果第一主成分不足以代表原来 p 个变量所包含的信息，那么需要考虑选取第二个主成分指标 Y_2，为使新指标能够更加有效地反映原信息，Y_1 中已有的信息不需要再出现在 Y_2 中，即 Y_2 与 Y_1 要保持独立、不相关，即其协

方差，所以选取的 Y_2 是与 Y_1 不相关的 X_1，X_2，$\cdots$，X_p 的所有线性组合中方差最大的，故称 Y_2 为第二主成分，依此类推可以构造出 Y_1，Y_2，$\cdots$，Y_p 为原变量 X_1，X_2，$\cdots$，X_p 的第三、第四、$\cdots$、第 p 个主成分。

考虑如下的线性组合：

$$\begin{cases} Y_1 = l_1^{\mathrm{T}}X = l_{11}X_1 + l_{12}X_2 + \cdots + l_{1p}X_p \\ Y_2 = l_2^{\mathrm{T}}X = l_{21}X_1 + l_{22}X_2 + \cdots + l_{2p}X_p \\ \qquad\qquad\qquad\vdots \\ Y_p = l_p^{\mathrm{T}}X = l_{p1}X_1 + l_{p2}X_2 + \cdots + l_{pp}X_p \end{cases} \qquad (3\text{-}8)$$

易知：

$$Var(Y_i) = Var(l_i^{\mathrm{T}}X) = l_i^{\mathrm{T}}\sum l_i \quad (i = 1,\ 2,\ \cdots,\ p) \qquad (3\text{-}9)$$

$$Cov(Y_i,\ Y_j) = Cov(l_i^{\mathrm{T}}X,\ l_j^{\mathrm{T}}X) = l_i^{\mathrm{T}}\sum l_j \quad (j = 1,\ 2,\ \cdots,\ p) \qquad (3\text{-}10)$$

根据以上的分析可知：各主成分的方差依次递减，也就是其重要性是依次递减的，即 $Var(Y_1) \geqslant Var(Y_2)\cdots \geqslant Var(Y_p)$。

3.4.3 具体步骤

若给定 n 个样本，每个样本均有 p 个变量，则对该样本进行主成分分析的步骤如下：

Step1：计算均值和协方差矩阵。

样本均值 $\bar{X} = (\overline{x_1},\ \overline{x_2},\ \cdots,\ \overline{x_p})$，样本的协方差矩阵 $\sum = (S_{ij})_{p\times p}$，其中 $S_{ij} = \dfrac{1}{n-1}\sum_{k=1}^{n}(x_{ki} - \overline{x_i})(x_{kj} - \overline{x_j})$ （$i,\ j = 1,\ 2,\ \cdots,\ p$）。

Step2：计算协方差矩阵 $\sum$ 的特征值 λ_i 及相应的正交化单位特征向量 α_i。

协方差矩阵 $\sum$ 的前 m 个较大的特征值 $\lambda_1 \geqslant \lambda_2 \geqslant \cdots \geqslant \lambda_m > 0$，就是前 m 个主成分对应的方差，λ_i 对应的单位特征向量 $\alpha_i = (\alpha_{i1},\ \alpha_{i2},\ \cdots,\ \alpha_{ip})$ 就是主成分 Y_i 关于原变量的线性组合的系数，则原变量的第 i 个主成分 Y_i 可表示为：$Y_i = (\alpha_i)'X$。用主成分的方差（信息）贡献率来表示该主成分的贡献率，则第 i 个主成分 Y_i 的贡献率为：$h_i = \lambda_i / \sum_{i=1}^{m}\lambda_i$。

Step3：选择主成分。

最终要选择多少个主成分来代替原变量，是通过方差（信息）累计贡献率来确定的。前 m 个主成分对应的累计贡献率 $G(m)$ 为：

$$G(m) = \frac{\sum_{i=1}^{m}\lambda_i}{\sum_{k=1}^{p}\lambda_k} \qquad (3\text{-}11)$$

通常当累积贡献率大于 85% 时，就认为这些主成分能够反映原来变量所包含的信息，对应的 m 就是抽取的主成分的个数。

Step4：写出主成分的表达式

$$Y_i = \alpha_{1i}X_1 + \alpha_{2i}X_2 + \cdots + \alpha_{pi}X_p \quad (i = 1,\ 2,\ \cdots,\ p) \tag{3-12}$$

在实际应用时，由于各个变量的量纲往往不同，所以在主成分计算之前应先消除不同量纲的影响。消除数据的量纲有很多方法，常用方法是将原始数据标准化，即作如式（3-13）所示的数据变换：

$$x_{ij}^* = \frac{x_{ij} - \overline{x_j}}{s_j} \quad (i = 1,\ 2,\ \cdots,\ n;\ j = 1,\ 2,\ \cdots,\ n) \tag{3-13}$$

式中，$\overline{x_j} = \dfrac{1}{n}\sum\limits_{i=1}^{n} x_{ij}$，$s_{ij}^2 = \dfrac{1}{n-1}\sum\limits_{i=1}^{n} (x_{ij} - \overline{x_j})^2$

3.4.4　应用举例

对 10 名男中学生的身高（x_1）体重（x_2）胸围（x_3）进行测量，得到的数据如表 3-1 所示，对其进行主成分分析。

表 3-1　身高体重表

序号	身高/cm	体重/kg	胸围/cm
1	149.5	38.5	69.5
2	162.7	50.8	78.5
3	156.5	49.0	74.5
4	172.0	51.0	76.5
5	159.5	43.5	74.5
6	162.5	55.5	77.0
7	162.2	65.5	87.5
8	156.1	45.5	74.5
9	173.2	59.5	81.5
10	157.7	53.5	79.0

解：将本例中的数据代入主成分分析的步骤中进行计算。

Step1：计算均值和协方差矩阵：

样本均值为：　　　$\overline{X} = (161.2,\ 51.2,\ 77.3)$

协方差矩阵为：　$\sum = \begin{pmatrix} 51.75 & 34.42 & 18.99 \\ 34.42 & 61.70 & 36.20 \\ 18.99 & 36.20 & 23.46 \end{pmatrix}$

Step2：特征值以及对应的单位化正交矩阵：

特征值由大到小分别为：$\lambda_1 = 110.0041$，$\lambda_2 = 25.3245$，$\lambda_3 = 1.5680$。

对应的特征向量为：

$$\boldsymbol{\alpha}_1 = (0.5591, \quad 0.7140, \quad 0.4213)$$
$$\boldsymbol{\alpha}_2 = (0.8277, \quad -0.4514, \quad -0.3335)$$
$$\boldsymbol{\alpha}_3 = (0.0480, \quad -0.5352, \quad 0.8434)$$

Step3：计算累计贡献率：

$$G(1) = 0.8036, \quad G(2) = 0.9885, \quad G(3) = 1$$

由于前两个主成分的累计贡献率大到 98.85%，故在实际应用中，取前两个主成分即可。

Step4：写出主成分：

$$y_1 = 0.5591x_1 + 0.7140x_2 + 0.4213x_3$$
$$y_2 = 0.8277x_1 - 0.4514x_2 - 0.3335x_3$$

3.4.5 核主成分分析法

核主成分分析法是核机器学习方法的一种，是在 PCA 的基础上改进。在线性不可分的情况下，可以采用核机器学习方法的技巧，将数据映射到高维空间中去，在高维空间中设计实现 PCA 算法。核主成分分析法与主成分分析法的不同是协方差矩阵的计算，核主成分分析法是样本通过核函数变换到高维空间之后的协方差矩阵。

3.5 图像特征

图像分类判断的依据是图像的特征。常用图像特征主要有以下 3 类。

3.5.1 颜色特征

颜色特征是基于像素点的全局特征，描述了图像的表面性质，具有方向、大小变化和旋转不变性。图像的旋转不变性是当样本发生移动、旋转和缩放时，特征值应保持不变，保证仍然可以得到同样的分类结果。但没有表达出颜色空间分布的信息，捕捉图像中对象的局部特征较弱。常用的颜色特征提取与匹配方法有颜色直方图、颜色集、颜色矩和颜色聚合向量等。

3.5.1.1 颜色直方图 (Color histogram)

颜色直方图是不同颜色在整幅图像中所占的比例，与每种颜色所处的空间位置无关。颜色直方图可以用于难以进行自动分割的图像。

优点是能描述图像中颜色的全局分布，适用于描述难以自动分割和不需要考虑物体空间位置的图像。缺点是不能描述图像中颜色的局部分布及每种颜色所处的空间位置，即无法描述图像中的某一具体的对象。

3.5.1.2 颜色矩 (Color Moments)

常用的颜色矩有一阶矩 (均值)、二阶矩 (方差) 和三阶矩 (斜度) 等，颜色信息主要分布于低阶矩，所以用均值、方差和斜度就足以表达图像的颜色分布。与颜色直方图相比，颜色矩不用对特征进行向量化。

3.5.1.3 颜色聚合向量 (Color Coherence Vector)

针对颜色直方图和颜色矩无法表达图像色彩的空间位置的缺点，Pass 等人提出了颜色聚合向量。每个直方图都可以用一个列向量表示，列向量里面包含的值就是 bin，bin 越多，直方图对颜色的分辨率越强。其核心思想是将属于直方图每一个 bin 的像素分为两部分：如果该 bin 内的某些像素所占据的连续区域的面积大于给定的阈值，则该区域内的像素作为聚合像素，否则作为非聚合像素。设 α_i 表示直方图第 i 个 bin 中的聚合元素的数量，β_i 为非聚合元素的数量，则颜色聚合向量可以表示为 $\langle (\alpha_1, \beta_1), (\alpha_2, \beta_2), \cdots, (\alpha_N, \beta_N) \rangle$，而 $\langle \alpha_1+\beta_1, \alpha_2+\beta_2, \cdots, \alpha_N+\beta_N \rangle$ 就是该图像的颜色直方图。

3.5.1.4 颜色空间

颜色空间通常是三维模型空间，常用的颜色空间有 RGB 和 HSV 颜色空间。

（1）RGB 颜色空间：

RGB 颜色空间是最常用的颜色空间，又称三基色模式。即任何一种颜色都可以由红 (Red)、绿 (Green) 和蓝 (Blue) 三种色光按不同的比例混合而成。RGB 视为 3 个变量构成了 RGB 颜色空间。电视机、显示器和数字图像等大都是采用 RGB 模型。

（2）HSV (Hue, Saturation, Value) 颜色空间：

HSV 颜色空间 3 个参数是色调、饱和度和明度。色调是指颜色的类别，如：红色，绿色和蓝色等。饱和度表示颜色接近光谱色的程度。饱和度决定了颜色空间中颜色分量，饱和度越高，说明颜色越深，饱和度越低，说明颜色越浅。明度决定颜色空间中颜色的明暗程度，明度值与发光体的光亮度有关。

3.5.2 纹理特征

纹理特征不依赖于颜色或亮度变化，反映的是图像中同质现象的视觉特征。其特点是局部序列不断重复、非随机排列和纹理区域内大致均匀的。不同物体具有不同的纹理，如：大理石、木纹和玻璃等都有各自的纹理特征。较为常见的纹理主要有：自然纹理、人工纹理和混合纹理。

纹理特征具有旋转不变性和抗噪声能力强的特点。缺点是当图像分辨率变化时，所计算出来纹理可能有较大偏差。受到光照、反射等因素的影响，图像的纹理特征会有所偏差。典型纹理特征分析方法是灰度共生矩阵，灰度共生矩阵有 4 个关键特征：能量、惯量、熵和相关性。

3.5.3 形状特征

二维图像的形状由封闭的轮廓曲线包围而成。物体形状识别是模式识别的重要研究内容之一，易于理解直观性强。广泛应用于图像分析、机器视觉和目标识别。如傅里叶形状描述符、不变矩和小波轮廓描述符等；常用的图像的形状特征提取算方法有两类。一是轮廓特征，二是区域特征。轮廓特征是指物体的边界或边缘，区域特征则则是整个形状区域。基于空间域的描述链码、周长、斜率、曲率和角点和基于多边形的特征参数。基于变换域的描述有：傅里叶描述子和小波轮廓描述符。

4 贝叶斯分类

4.1 简介

贝叶斯定理由英国数学家托马斯贝叶斯于 1963 年提出的。目前，以贝叶斯公式为基础的贝叶斯分类是一种经典的有监督机器学习方法，已成为机器学习和人工智能等领域的重要内容之一。

4.1.1 相关统计概念

（1）先验概率（Prior Probability）：根据大量数据统计，确定某类事物出现的比例。

例如：假设我国理工科大学男女生比例大约为 8∶2，则某个大学生是理工男生的先验概率为 0.8，而为女生的先验概率则是 0.2，因为两类概率是互相关联的，其概率之和为 1。

先验概率的估计较简单，例如：可以依靠相关专家的经验进行估计，也可以利用训练样本中各类出现的频率进行估计。

（2）后验概率（Posterior Probability）：即条件概率，事件 A 在事件 B 发生的条件下发生的概率。

例如：某一个学生用特征向量 X 表示，它是男性或女性的条件概率表示成 $P(男生 \mid X)$ 和 $P(女生 \mid X)$，这就是后验概率。显然，$P(男生 \mid X) + P(女生 \mid X) = 1$。

后验概率与先验概率也不同，后验概率涉及具体事物，而先验概率是泛指一类事物，因此 $P(男生 \mid X)$ 和 $P(男生)$ 是两个不同的概念。

（3）类分布概率密度函数：同类事物各属性值在其变化范围内分布密度的函数称为类分布概率密度函数。其分布有正态分布、均匀分布或更复杂的且不能用解析式表示的函数。

类分布密度与其他类没有关系。例如：男女生比例是男女生这两类事物间的关系，男生高度的分布则与女生的高度分布无关。类的分布密度函数用条件概率的形式表示。例如：X 表示某学生的特征向量，则男生的分布概率密度表示成 $P(X \mid 男生)$，女生的表示成 $P(X \mid 女生)$，一般情况下 $P(X \mid \omega_1) + P(X \mid \omega_2) \neq 1$。

（4）联合概率：单变量的概率分布是 $f(x)$，双变量的概率分布 $f(x, y)$ 称为联合概率密度，变量 x 和 y 可能相互影响，当且仅当 x 和 y 相互独立时，有 $f(x,y)=f(x)f(y)$。如果函数 $f(x, y)$ 是离散的，$f(x, y)$ 称为离散联合概率密度；如果 $f(x, y)$ 是连续的，就称 $f(x, y)$ 为连续联合概率密度。

（5）基于最小错误率和基于最小风险的贝叶斯决策：贝叶斯常用的有两种准则，最小错误率与最小风险准则。

如何做到错误率最小呢？首先要知道某样本 X 分属不同类别的可能性，然后根据后验概率最大的类来决策分类。后验概率是利用贝叶斯公式根据先验概率与类分布函数进行计算的。

在实际应用中错误率最小并不一定是模式识别系统最重要的指标。对语音识别和文字识别可能是最重要的指标，但对医疗诊断、地震和天气预报等还要考虑错分类的风险，因此需要引入风险或损失的概念，因此在实际问题中计算损失与风险是复杂的。

（1）基于最小错误率的贝叶斯决策：将后验概率最大作为分类决策的依据，称为基于最小错误率的贝叶斯决策，只关注错误率。

（2）基于最小风险的贝叶斯决策：由于基于最小错误的贝叶斯决策没有考虑判断失误带来的风险。因此，为了表示误判带来的损失或风险，引入了损失的概念。

例如：细胞分类的例子中，把正常细胞错分为癌细胞，或相反方向的错误，其严重性是截然不同的。把正常细胞误判为异常细胞固然会给人带来不必要的痛苦，但若将癌细胞误判为正常细胞，则会使病人因失去及早治疗的机会而遭受极大的损失。因此，有时需要错误率大些，也要损失尽可能地减少。

最小错误率的贝叶斯决策是最小风险的贝叶斯决策特例。显然，最小错误率的贝叶斯是在 ［0，1］ 损失函数下的最小风险的贝叶斯决策。

4.1.2 贝叶斯定理

设 A_1，…，A_n 是 S 的一个划分，且 $P(A_i)>0$ （$i=1$，…，n），则对任何事件 $B \in S$，则有：

$$p(A_j \mid B) = \frac{p(A_j)p(B \mid A_j)}{\sum_{i=1}^{n} p(A_j)p(B \mid A_j)} \quad (j=1, \cdots, n) \qquad (4\text{-}1)$$

式（4-1）称为贝叶斯公式。

贝叶斯公式给出"结果"事件 B 已发生的条件下，"原因"属于事件 A_j 的条件概率。是"执果索因"的条件概率。$P(A_i)$ 称为先验概率，$P(A_i \mid B)$ 称为后验概率。

4.2 贝叶斯分类

贝叶斯分类的原理是通过某事物的先验概率和类分布密度函数，用贝叶斯公式计算其后验概率，选择具有最大后验概率的类作为该对象所属类别，实现分类决策。

常用的贝叶斯分类有朴素贝叶斯、TAN、BAN 和 GBN 四种，图 4-1~图 4-4 是四种网络的模型图。其中 $x_i(i=1, 2, \cdots, 4)$ 是属性，c 是属性节点的父节点。

朴素贝叶斯 Naive Bayes 是最早提出的贝叶斯分类模型，具有逻辑简单，容易实用等特点，特征变量 x 相互独立，如图 4-1 所示。

TAN 树扩展的贝叶斯分类网络（Tree Augmented NaiveBayes），是由 Friedman 等人提出的，是对 Naive Bayes 分类的改进，各特征变量对应的结点构成一棵树，如图 4-2 所示。

BAN（BN Augmented NaiveBayes）分类器是 TAN 分类器进一步扩展而来的，允许各特征变量所对应的结点之间的关系构成一个图，而不只是树，如图 4-3 所示。

GBN 则是一种无约束的贝叶斯网络分类（General Bayesian Network）模型，前三种贝叶斯网络将类变量所对应的节点作为一个特殊的节点，而 GBN 将其作为普通节点，如图 4-4 所示。

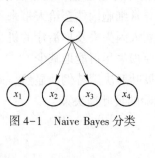

图 4-1 Naive Bayes 分类

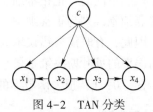

图 4-2 TAN 分类

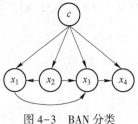

图 4-3 BAN 分类

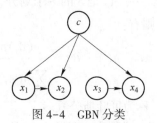

图 4-4 GBN 分类

（1）贝叶斯分类并非把对象绝对地指派给某一类，而是通过计算得出属于某一类的概率，将最大概率的类作为对象所属的类。

（2）一般情况下在贝叶斯分类中所有的属性都潜在地起作用，即并不是一个或几个属性决定分类，而是所有的属性都参与分类。

（3）贝叶斯分类对象的属性值可以是离散的、连续的，也可以是混合的。

4.3 朴素贝叶斯分类

4.3.1 简介

朴素贝叶斯分类是经典的机器学习算法之一，其假设属性间相互独立，即特征是同等重要的。但是，现实世界中，事物的属性之间往往是相互联系，存在依赖的。往往是不成立的，对朴素贝叶斯分类的准确性有影响。朴素贝叶斯分类的特点是在假设独立性的条件下，分类结果很好。

4.3.2 基本原理

假设：已知 m 个特征的 n 个样本 $(x_1^{(1)}, x_2^{(1)}, \cdots, x_m^{(1)})$，$(x_1^{(2)}, x_2^{(2)}, \cdots, x_m^{(2)})$ $\cdots$ $(x_1^{(n)}, x_2^{(n)}, \cdots, x_m^{(n)})$，且其类标号已知。共有 k 个类标号为：c_1，c_2，$\cdots$，c_k。求未知类标号的样本 $X = (x_1, x_2, \cdots, x_m)$ 所属类别。根据贝叶斯定理有：

$$P(c_i \mid X) = \frac{P(X \mid c_i) P(c_i)}{P(X)}$$

$P(c_i)$ 一般可以通过训练集或先验知识求得。由属性相应独立的条件可得：

$$P(X \mid c_i) = P(x_1 \mid c_i) \cdot P(x_2 \mid c_i) \cdots P(x_m \mid c_i)$$

$P(X)$ 可视为常数。

则 X 所属类别为：$\underset{c_k}{\operatorname{argmax}} P(c_k \mid x)$。

算法的基本步骤如下：

（1）确定特征，获取样本数据，数据预处理。根据具体的应用场景确定特征属性，构建训练集。分类器的质量很大程度上由特征属性、特征属性划分及数据预处理决定。

（2）计算先验概率。对每个类计算先验概率 $P(y_i)$。

（3）计算条件概率。对每个特征所有划分的计算条件概率 $P(y_i \mid x)$。

（4）判断类别。选取 $P(y_i \mid x) P(y_i)$ 最大值，作为 x 的类别。

4.3.3 分类举例

已知：训练数据集共有 15 个样本，每个样本有 4 个属性，共有 2 个类别，样本集如表 4-1 所示。

试用贝叶斯分类判断：样本 {工龄<15，收入>0.7，工龄>8} 是否买房？

表 4-1 训练数据集

序号	性别	收入	工龄	买房
1	男	0.8	10	是
2	女	0.7	16	否
3	女	0.9	2	否
4	男	0.6	10	是
5	女	0.8	4	是
6	男	0.6	2	否
7	男	1	8	是
8	男	0.7	5	否
9	女	0.9	6	是
10	女	0.6	4	否
11	男	1.5	30	是
12	男	1.1	22	是
13	女	1	10	是
14	女	1.1	15	是
15	女	0.8	8	否

解：

设： $\omega = \{$ 工龄 < 15，收入 > 0.7，工龄 $> 8\}$

（1）计算未买房与已买房的概率。

$$P(\text{已买房}) = \frac{9}{15} = \frac{3}{5}$$

$$P(\text{未买房}) = \frac{6}{15} = \frac{2}{5}$$

（2）计算 $P(\text{未买房} | \omega)$ 与 $P(\text{已买房} | \omega)$

$$P(\text{工龄} < 15 | \text{未买房}) = \frac{5}{6}$$

$$P(\text{收入} > 0.7 | \text{未买房})$$

$$= \frac{2}{6} = \frac{1}{3} P(\text{工龄} > 8 | \text{未买房}) = \frac{1}{6}$$

$P(\omega | \text{未买房}) = P(\text{工龄} < 15 | \text{未买房}) \times P(\text{收入} > 0.7 | \text{未买房}) \times$
$$P(\text{工龄} > 8 | \text{未买房})$$

$$= \frac{5}{6} \times \frac{1}{3} \times \frac{1}{6} = \frac{5}{108}$$

$$P(\omega | \text{未买房}) \times P(\text{未买房}) = \frac{5}{108} \times \frac{3}{5} = \frac{3}{108}$$

$$P(\text{工龄} < 15 \mid \text{已买房}) = \frac{6}{9} = \frac{2}{3}$$

$$P(\text{收入} > 0.7 \mid \text{已买房}) = \frac{8}{9}$$

$$P(\text{工龄} > 8 \mid \text{已买房}) = \frac{6}{9} = \frac{2}{3}$$

$$P(\omega \mid \text{已买房}) = P(\text{工龄} < 15 \mid \text{已买房}) \times P(\text{收入} > 0.7 \mid \text{已买房}) \times$$
$$P(\text{工龄} > 8 \mid \text{已买房})$$

$$= \frac{2}{3} \times \frac{8}{9} \times \frac{2}{3} = \frac{32}{81}$$

$$P(\omega \mid \text{已买房}) \times P(\text{已买房}) = \frac{32}{81} \times \frac{2}{5} = \frac{64}{405}$$

$$\frac{P(\omega \mid \text{未买房})P(\text{未买房})}{P(\omega)} = \frac{\dfrac{3}{108} \times \dfrac{3}{5}}{P(\omega)} < \frac{P(\omega \mid \text{已买房})P(\text{已买房})}{P(\omega)}$$

$$= \frac{\dfrac{32}{81} \times \dfrac{3}{5}}{P(\omega)}$$

因为 $P(\text{未买房} \mid \omega) < P(\text{已买房} \mid \omega)$，所以样本 ｛工龄<15，收入>0.7，工龄>8｝是已买房。

4.4 贝叶斯网络

贝叶斯网络又称为信念网络（Belief Network），可以描述变量间不确定性因果关系，是基于概率推理的模型。它主要有向无环图（Directd Acyclic Graph，DAG）和条件概率表两部分组成。DAG 由节点和有向边组成，每个节点与一个属性相对应，表示随机变量，可以是隐变量和未知参数等。有向边表示属性间的相互依赖关系，若两个节点有直接依赖关系，则用有向边将它们连接起来，表示两个属性的因果关系。两个节点分别表示因和果，产生一个条件概率，条件概率表来描述属性的联合概率分布。

贝叶斯网络的重要性质：节点在其直接前驱节点的值确定后，此节点条件独立于其所有非直接前驱前辈节点。

下面以两个变量 a 和 b 通过 3 个变量 c 间接相连的情况为例简要介绍一下，将贝叶斯网络分为三种结构形式：顺序连接、分支连接和汇总连接。

4.4.1 结构形式 1

贝叶斯网络结构形式 1 是顺序连接，如图 4-5 所示。

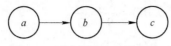

图 4-5　贝叶斯网络结构形式 1

分以下两种情况：

c 未知时：对 a 的了解影响 c 的信度，进而影响关于 b 的信度。

c 已知时：对 a 了解不影响 c 的信度，进而也不会影响 b 的信度，a、b 之间的信息通道是被阻塞的，a 和 b 是相互独立的。

有：

$$P(a, b, c) = P(a) \times P(c \mid a) \times P(b \mid c)$$

$$P(a, b \mid c) = P(a, b, c)/P(c) = P(a) \times P(c \mid a) \times P(b \mid c)/P(c)$$

$$= P(a, c) \times P(b \mid c)/P(c) = P(a \mid c) \times P(b \mid c)$$

4.4.2　结构形式 2

贝叶斯网络第二种结构形式是分支连接，如图 4-6 所示。

分以下两种情况：

c 未知时：信息可在 a 和 b 间传递，a 和 b 是关联的。

c 已知时：信息不能在 a、b 间传递，他们是被阻塞的，a 和 b 是相互独立的。

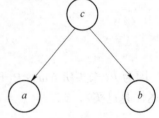

图 4-6　贝叶斯网络结构形式 2

有：
$$P(a, b, c) = P(c) \times P(a \mid c) \times P(b \mid c)$$

则：
$$P(a, b \mid c) = P(a, b, c)/P(c)$$

然后将 $P(a, b, c) = P(c) \times P(a \mid c) \times P(b \mid c)$ 代入上式，得到：

$P(a, b \mid c) = P(a \mid c) \times P(b \mid c)$。

4.4.3　结构形式 3

汇连

贝叶斯网络第三种结构形式是汇连，如图 4-7 所示。

汇连 c 已知时：a 和 b 是关联的。

汇连 c 未知时：他们是被阻塞的，a 和 b 是相互独立的。

有：

$$P(a, b, c) = P(a) \times P(b) \times P(c \mid a, b)$$

则：　$$P(a, b) = P(a) \times P(b)$$

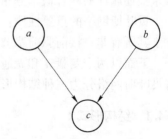

图 4-7　贝叶斯网络结构形式 3

4.4.4 举例

图 4-8 是一个简单的贝叶斯网络，包含 A，B，C 和 D 共 4 个节点，每个节点共有 2 种状态。表 4-2 是 2 个边界节点，A 和 B 的先验概率表。表 4-3 和表 4-4 是节点 C 和 D 的条件概率表。利用这个模型可以推算出给定证据下任何节点的概率。如果已知节点 C=True，试求计算节点 A 的概率。

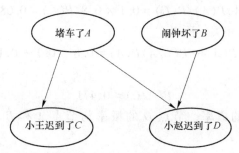

图 4-8 贝叶斯网络实例

表 4-2 节点 A 和 B 的概率表

节　点	取　值	概　率
A	True	0.1
	Not True	0.9
B	True	0.4
	Not True	0.6

表 4-3 节点 C 的概率表

节　点	取　值	概　率
A	$P(C)$	
	True	Not True
True	0.8	0.1
Not True	0.2	0.9

表 4-4 节点 D 的概率表

节　点	取　值			概　率	
A	$P(D)$				
	B=True		B=Not True		
	True	Not True	True	Not True	
True	0.8	0.6	0.6	0.3	
Not True	0.2	0.4	0.4	0.7	

解：

节点 C = True，要求计算节点 A 的概率。

首先计算条件概率：

根据表 4-2 和表 4-4，可得

$$P(A) = 0.1, \ P(C/A) = 0.8$$

所以

$$P(A/C) = P(C/A)P(A)/P(C) = 0.1 \times 0.8/P(C) = 0.08/P(C)$$

因为节点 A 与 C 相关，所以：

$$P(C) = P(C/A)P(A) + P(C/\bar{A})P(\bar{A}) = 0.8 \times 0.1 + 0.1 \times 0.9 = 0.17$$

代入得：

$$P(A/C) = 0.471$$

若计算节点 D 的概率，节点 D 的概率与节点 A 和 B 相关，则根据定义可得：

$$P(D) = P\left(\frac{D}{A, B}\right)P(A)P(B) + P\left(\frac{D}{A, \bar{B}}\right)P(A)P(\bar{D}) +$$
$$P\left(\frac{D}{\bar{A}, B}\right)P(\bar{A})P(D) + P\left(\frac{D}{\overline{AB}}\right)P(\bar{A})P(\bar{D})$$
$$= 0.1 \times 0.4 \times 0.8 + 0.6 \times 0.1 \times 0.6 + 0.6 \times 0.9 \times$$
$$0.4 + 0.3 \times 0.9 + 0.6$$
$$= 0.446$$

同样，当 C = True 时，$P(A)$ 从 0.100 变为 0.471，则 $P(\bar{A})$ 从 0.900 变为 0.529，将其代入 $P(D)$，得到 $P(D \mid C) = 0.542$。

更新各个节点的概率，通过向网络输入新的证据的过程，称为概率繁殖。贝叶斯网络的作用就是利用概率繁殖对不确定性系统进行推理，并对其进行知识表达。

4.5　基于 Python 的朴素贝叶斯分类实现

Python 的 Scikit-learn 模块中有 Naive Bayes 子模块，关键在于将分类器设置成朴素贝叶斯分类器，然后调用分类器训练和进行分类。Scikit-learn 中已经载入很多数据集，便于使用。

```
#装载数据集
from sklearn import datasets
#读取所需要的数据集,如鸢尾花(iris)数据。
iris = datasets. load_iris( )
#使用高斯贝叶斯
```

```
from sklearn. naive_bayes import GaussianNB
#设置分类器
clf = GaussianNB( )
#训练分类器
clf. fit( iris. data , iris. target )
#预测
y_pred = clf. predict( iris. data )
print( "Number of mislabeled points out of a total %d points:%d" %
( iris. data. shape[ 0 ] , ( iris. target! = y_pred). sum( ) ) )
```

5 聚类分析

聚类是无监督学习的分类算法，不仅可以用于分类，还是数据预处理中数据清洗和整理的重要工具。如：聚类经常用于其他算法的预处理和孤立点挖掘。孤立点指的是在数据集中与大多数数据特征不一致的数据。在图论中孤立点的定义则是无边关联的点。聚类分析已广泛应用于网站文档分类、人脸识别、语音识别和字符识别。

5.1 聚类概念

聚类是将无类标号的样本按照相似性的原理，聚集成不同的组或簇的过程。簇内样本的相似性较高，簇间样本的相似性较低。

高效的聚类算法应该满足能处理不同数据类型的属性，发现任意形状的聚类、对输入顺序和数据量的大小不敏感等要求。

5.2 聚类算法分类

聚类算法大致可以划分为：划分聚类（Partitional Clustering）、层次聚类（Hierarchical Clustering）、基于密度的聚类（Density-Based Spatial Clustering）、网格聚类（Grid-based Clustering）和模糊聚类（Fuzzy Cluster）。

（1）划分聚类。

划分聚类的基本思想是首先将 n 个样本的数据集划分为 k 组（$k \leqslant n$），k 也称为类（簇）的个数，每组至少包含一个样本，每个样本属于且仅属于一个组。然后根据相似度，进行迭代，把样本放到不同的分组中，使得属于同类（簇）的对象间的相似度尽可能地大，属于不同类（簇）的对象间的相似度尽可能地小。基于划分方法主要包括：C-均值和 K-medoid 等。

（2）层次聚类。

层次聚类是按层次对数据划分，从而形成一棵以簇为节点的树。层次聚类可以分为自底向上和自顶向下两种方法。自底向上称为凝聚层次聚类，即将每个样本作为一个簇，然后计算相似度，将相似度较大的两个簇合并，进行迭代，实现聚类的过程。自顶向下称为分裂层次聚类则是首先将整个样本数据集视为一个簇，称为树根，再将簇划分成更小的簇，让每个样本都属于其中的某个簇。基于层次的聚类主要包括：Birch 和 Cure 等。

（3）基于密度聚类。

基于密度聚类是寻找被低密度区域分离的高密度区域。基于密度的聚类抗噪声较强，可以发现任意形状的簇，簇的划分是按稠密度进行的，如果邻近区域的密度大于某个阈值，则将其添加到最近的簇中（密度可达的簇）。基于密度的聚类主要包括：高密度连通区域聚类（DBSCAN）和点排序识别聚类结构（OPTICS）和密度分布函数聚类（DENCLUE）。

（4）基于网络聚类。

基于网格聚类是把对象空间量化为有限的单元，形成网格结构。该方法处理速度快，处理时间与网格中的每一维单元数目有关，与数据对象的数目无关。统计信息网格聚类是基于网格的多分辨率聚类技术，将空间区域分为矩阵单元，不同级别的分辨率对应不同的矩阵单元，高层的单元被划分为多个低层的单元，形成一个层次结构。

（5）基于模型聚类。

基于模型聚类给每个聚类假定一个模型，然后寻找满足该模型的数据集，主要方法有统计方法和神经网络方法。

（6）模糊聚类。

模糊聚类是将数学中的模糊集的理论应用到聚类分析中，模糊集中的元素不同程度的属于一个类或几个类，用隶属度表示。

5.3 相似性度量

在聚类分析中，需要计算两个变量之间的距离，即相似性度量。距离度量满足非负性、自反性、对称性和三角不等式。

可以把每个样本点看作高维空间中的一个点，进而使用某种距离来表示样本点之间的相似性，距离较近的样本点性质较相似，距离较远的样本点则差异较大。定义距离函数 $d(x, y)$，通常需要满足以下准则：

（1）距离非负性。$d(x, y) \geq 0$，$d(x, x) = 0$ 表示到自身的距离为 0。

（2）距离对称性。$d(x, y) = d(y, x)$ 表示：如果 A 到 B 距离是 a，那么 B 到 A 的距离也应该是 a。

（3）三角形法则。

$$d(x, k) + d(k, y) \geq d(x, y)$$

常见的几种距离有如下几种。

（1）绝对值距离。

$$d_{ij} = \sqrt{\sum_{k=1}^{n} |x_{ik} - x_{jk}|^2} \tag{5-1}$$

（2）欧氏距离（Euclidean Distance）。欧氏距离又称为欧几里得度量，是最常见的两点之间或多点之间的距离度量方法。

$$d_{ij} = \sqrt{\sum_{k=1}^{n} (x_{ik} - x_{jk})^2} \qquad (5-2)$$

（3）余弦距离。就是两个向量之间的夹角的余弦值。余弦相似度用向量空间中两个向量夹角的余弦值作为衡量两个个体间差异的大小。相比欧氏距离，余弦相似度更加注重两个向量在方向上的差异，而非长度。此外，也有调整的余弦相似度。其相似性不受坐标轴旋转，放大缩小的影响。

（4）曼哈顿距离（Manhattan Distance）。两个二维点 $A(x_1, y_1)$ 与 $B(x_2, y_2)$ 间在标准坐标系上的绝对轴距总和为：

$$d_{12} = |x_1 - x_2| + |y_1 - y_2| \qquad (5-3)$$

两个 n 维向量 $A(x_{11}, x_{12}, \cdots, x_{1n})$ 与 $B(x_{21}, x_{22}, \cdots, x_{2n})$ 间的曼哈顿距离为：

$$d_{12} = \sum_{k=1}^{n} |x_{1k} - x_{2k}| \qquad (5-4)$$

（5）切比雪夫距离（Chebyshev Distance）。两个点 $A(x_1, y_1)$ 与 $B(x_2, y_2)$ 在各坐标数值差的最大值为：

$$d_{12} = \max(|x_1 - x_2|, |y_1 - y_2|) \qquad (5-5)$$

两个 n 维向量 $A(x_{11}, x_{12}, \cdots, x_{1n})$ 与 $B(x_{21}, x_{22}, \cdots, x_{2n})$ 间的切比雪夫距离定义为：

$$d_{12} = \max_i(|x_{1i} - x_{2i}|) \qquad (5-6)$$

（6）闵可夫斯基距离。

$$d_{12} = \sqrt[p]{\sum_{k=1}^{n} |x_{1k} - x_{2k}|^p} \qquad (5-7)$$

式中，变量 p 取值为：当 $p=1$ 时，就是曼哈顿距离。当 $p=2$ 时，就是欧氏距离；当 $p \to \infty$ 时，就是切比雪夫距离。

（7）马氏距离（Mahalanobis Distance）。马氏距离表示数据的协方差距离，与欧氏距离不同，马氏距离考虑特性间的联系。

假设：设均值为 μ：$(\mu_1, \mu_2, \mu_3, \cdots, \mu_p)^T$，协方差矩阵为 $\sum^{-1}$，多变量向量为 $x = (x_1, x_2, x_3, \cdots, x_p)$，其马氏距离定义为：

$$D_m(x) = \sqrt{(x - u)^T \sum\nolimits^{-1} (x - u)} \qquad (5-8)$$

如果协方差矩阵是单位矩阵，则马氏距离就简化为欧式距离。

（8）汉明距离（Hamming Distance）。信息论中，两个等长字符串间的汉明距离定义为两个字符串对应位置的不同字符的个数。即将一个字符串变换成另外一个字符串所需要替换的字符个数。例如字符串"1111"与"1001"之间的汉明距离为2。

5.4 聚类准则

聚类准则是根据相似性测定度，确定模式之间是否相似的标准。把相同的模式归为一类，不相同的归为不同类的准则，通常分阈值准则和函数准则两类。

（1）阈值准则。根据距离的阈值进行分类的准则。

（2）函数准则。聚类是根据聚类的准则函数进行分类的。聚类的准则函数是模式类间相似性的函数，用于评价聚类结果的质量。

如聚类准则函数：

$$J = \sum_{j=1}^{c} \sum_{x \in S_j} \| X - M_j \|^2 \tag{5-9}$$

式中，c 为类别的数目；$M_j = \dfrac{1}{N} \sum_{x \in S_j} X$ 为属于 S_j 集的样本的均值向量；N_j 为 S_j 中样本数目；J 代表属于 c 个聚类类别的全部模式样本与其相应类别模式均值之间的误差平方和。

5.5 C 均值聚类

5.5.1 简介

C-均值聚类，由 Mac Queen J 于 1967 年提出来的。其基本思想是：在 n 维欧氏空间中，首先随机地选择 C 个对象，每个对象初始地代表了一个簇的平均值或中心，对剩余的每个对象根据其与各个簇中心的距离，将它赋给最近的簇。然后，重新计算每个簇的平均值。这个过程不断重复，直到准则函数收敛。

5.5.2 基本原理

假设训练样本是 $\{x^{(1)}, \cdots, x^{(m)}\}$，每个 $x^{(i)} \in R^n$。C-均值聚类具体描述如下：

（1）随机选取 C 个聚类中心点为 $\mu_1, \mu_2, \cdots, \mu_k \in R^n$。

（2）重复以下过程直至收敛：

对于每一个样例 i，计算其应该属于的类

$$C^{(i)} = \arg\min \| x^{(i)} - \mu_j \|^2 \tag{5-10}$$

对于每一个类 j，重新计算该类的中心

$$\mu_j = \frac{\sum_{i=1}^{m} 1\{C^{(i)} = j\} x^{(i)}}{\sum_{i=1}^{m} 1\{C^{(i)} = j\}} \tag{5-11}$$

C 是事先给定的聚类数，$C^{(i)}$ 代表样例 i 与 C 个类中距离最近的那个类。质

心 μ_j 代表我们对属于同一个类的样本中心点。首先随机选取 C 个质心，对于每个样本点计算其到 C 个质心的距离，然后选取距离最近的那个星团作为 $C^{(i)}$，这样经过第一步每样本点都有了所属的质心；第二步重新计算质心 μ_j。重复迭代第一步和第二步直到质心不变或变化达到要求为止。

可以证明 C 均值聚类是收敛的。

5.5.3 C 均值算法的优缺点

主要优点有：简单和快速；对大数据集，是可伸缩和高效率的；算法求的是平方误差函数值最小的 C 个划分。当结果簇是密集的，而簇与簇之间区别明显时，分类效果较佳。

主要缺点有：对参数的依赖性，例如：对给定的初始值 C 的取值较敏感；对数据输入顺序敏感性，存在聚类对数据的输入顺序的敏感性，即相同的数据不同的输入顺序产生的结果会差别较大。对海量数据时，时间复杂度较高。

5.6 模糊模式识别

5.6.1 简介

经典的集合论中，集合与集合的元素之间的关系只存在属于与不属于两种关系。但是，模糊的概念却在人们的现实生活中随处可见。例如：人的好与坏、水的冷与热、人的胖与瘦等，都是比较模糊但又得到人们广泛认可的概念。即模糊的问题采用模糊的概念表示。

1965 年，美国加州大学教授 L. Zadeh 首先提出了 Fuzzy 集合重要概念－隶属函数。目的是要解决这种模棱两可的问题。1974 年，L. Zadeh 教授又进行了模糊推理的研究工作。模糊理论的主要内容有模糊集合、模糊逻辑和模糊控制等。模糊逻辑是解决不精确和不完全信息的方法。模糊控制是以模糊理论为基础的智能控制技术，广泛地应用于锅炉和空调、天气预报和家用家电的控制。通常其过程由 3 部分组成：控制对象模糊化、模糊推理和去模糊化，最后实现精准的控制。

5.6.2 相关概念

5.6.2.1 模糊集

空集与全集是模糊集合的两个特殊集合。对于论域 U 上的集合 A，隶属函数等于 0 的模糊集称为空集，记为 $\varnothing$。隶属函数等于 1 的模糊集称为全集。

对于论域 U 上的模糊集合 A 和 B，如果：任意 $u \in U$ 均有 $u_A(u) \leqslant u_B(u)$ 则称 A 是 B 子集或 B 包含 A。表示为：$A \subseteq B$。

模糊集合表示法：离散论域常用的表示方法有：查德表示法、序偶表示法和向量表示法。

查德表示法：

$$F = \sum_{i=1}^{n} \mu_F(u_i)/u_i$$

序偶表示法：

$$F = \{(u_1, \mu(u_1)), (u_2, \mu(u_2)), \cdots, (u_n, \mu(u_n))\}$$

向量表示法：

$$F = \{\mu(u_1), \mu(u_2), \cdots, \mu(u_n)\}$$

例题 5-1 假设论域 $U = \{1, 2, 3, 4, 5, 6, 7, 8, 9, 10\}$，集合 F 表示 "小的数"，则根据经验给出以上 3 种隶属函数的表示法。

解：

查德表示法：

$$F = \frac{1}{1} + \frac{0.9}{2} + \frac{0.7}{3} + \frac{0.5}{4} + \frac{0.3}{5} + \frac{0.1}{6} + \frac{0}{7} + \frac{0}{8} + \frac{0}{9} + \frac{0}{10}$$

隶属为 0 可以省略。

序偶表示法：

$$F = \{(1, 1)(2, 0.9)(3, 0.7)(4, 0.5)(5, 0.3)$$
$$(6, 0.1)(7, 0)(8, 0)(9, 0)(10, 0)\}$$

隶属为 0 可以省略。

向量表示法：

$$F = \{1, 0.9, 0.7, 0.5, 0.3, 0.1, 0, 0, 0\}$$

隶属为 0 不能省略。

5.6.2.2 隶属度

隶属度有时存在具有人为因素，可以根据实际情况或专家的经验确定。

例题 5-2 假设论域 $U = \{x_1, x_2, x_3, x_4, x_5, x_6\}$ 表示对 6 个消费者的消费水平的评分。按照百分制评分，再除以 100。即给出了论域 U 到 $[0, 1]$ 的映射，如表 5-1 所示。模糊集合 A 的隶属函数 $u_A(x_i)$ 表示消费者对消费高这个模糊概念的符合程度。

表 5-1 消费者的消费水平隶属度

序号 (i)	变 量	评 分	隶属度的值 ($u_A(x_i)$)
1	x_1	70	0.70
2	x_2	89	0.89
3	x_3	85	0.85

序号 (i)	变 量	评 分	隶属度的值 ($u_A(x_i)$)
4	x_4	95	0.95
5	x_5	60	0.60
6	x_6	75	0.75

5.6.2.3 隶属度函数

设论域为 $X = \{x_1,\ x_2,\ x_3,\ \cdots,\ x_n\}$

$$\mu_A(x_i) = \begin{cases} 0, & \text{若 } x_i \text{ 完全属于 } A \\ 1, & \text{若 } x_i \text{ 完全不属于 } A \\ \mu_A(x) \in (0,\ 1), & \text{若 } x_i \text{ 部分属于 } A \end{cases} \tag{5-12}$$

$U_A(x)$ 表示对象 x 隶属于集合 A 的程度的函数。通常用 $U_A(x)$ 表示，其取值范围在 $[0,\ 1]$。当 $U_A(x) = 1$ 时，表示 x 完全隶属于集合 A。$U_A(x) = 0$ 时，表示 x 完全不隶属于集合 A。

$U_A(x)$ 属于 $(0,\ 1)$ 时，$U_A(x)$ 趋向于 0 时，表示 x 隶属于 A 的程度越低；$U_A(x)$ 趋向于 1 时，表示 x 隶属于 A 的程度越高。

下面介绍几种常见的隶属函数。

(1) S 函数。S 函数是偏大型隶属函数，是 x 单调递增的连续函数。对于指定的参数 a、b，$S(x,\ a,\ b)$ 是 x 单调递增连续函数。例如，年老的隶属函数可以表示为 $S(x,\ 60,\ 80)$。

$$S(x,\ a,\ b) = \begin{cases} 0, & x \leq a \\ 2\left(\dfrac{x-a}{b-a}\right)^2, & a < x < \dfrac{a+b}{2} \\ 1 - 2\left(\dfrac{x-a}{b-a}\right)^2, & \dfrac{a+b}{2} < 2 \leq b \\ 1, & b < x \end{cases} \tag{5-13}$$

(2) Z 函数。Z 函数是偏小型隶属函数，是 x 单调减递减的连续函数。

$$Z(x,\ a,\ b) = 1 - S(x,\ a,\ b)$$

例如，年轻的隶属函数可以表示为 $Z(x,\ 20,\ 35)$。

(3) π 函数。π 函数是偏中型隶属函数，是 x 的连续函数。

$$\pi(x,\ a,\ b) = \begin{cases} S(x,\ b-a,\ b), & x \leq b \\ Z(x,\ b,\ b+a), & x > b \end{cases}$$

对指定的参数 a，b，$\pi(x,\ a,\ b)$ 是 x 的连续函数。且 $\pi(x,\ a,\ b) = 1$；当 $x \leq b$ 时单调递增；当 $x > b$ 时单调递减。这种隶属函数可用于表示像中年、适中和平均等趋于中间的模糊现象。

隶属函数的设计原则为：隶属函数的取值在 [0，1] 之间，趋势与实际应用相一致，参数可以根据经验获得，也可以通过统计方法估计。

5.6.3 模糊集合的运算

模糊集合运算就是对相应的隶属度做相应的运算。常用的模糊集合运算有交集、并集和补集。

（1）补集。

设模糊集 A，A 的补集为 A^C，则 A 的补集定义为 $A^C = 1 - A(x)$。

则其隶属度函数可表示为：

$$\mu'_A(x) = 1 - \mu_A(x) \tag{5-14}$$

其对应的数学关系式：

$$A' \Leftrightarrow \mu'_A(x) = 1 - \mu_A(x) \tag{5-15}$$

（2）并集。

模糊集 A 与 B 的并集为包含模糊集 A、B 两者在内的最小的模糊集。即：

$$A \cup B = \min(A(x)，B(x))$$

（3）交集。

定义被 A 与 B 两者包含之内最大的模糊集。

即：

$$A \cap B = \max(A(x)，B(x))$$

例题 5-3 假设有模糊矩阵

$$R = \begin{pmatrix} 0.5 & 0.3 \\ 0.4 & 0.8 \end{pmatrix} \quad S = \begin{pmatrix} 0.8 & 0.5 \\ 0.3 & 0.7 \end{pmatrix}$$

试求 $R \cup S$、$R \cap S$、R^C 及 S^T。

解：

$$R \cup S = \begin{pmatrix} 0.8 & 0.5 \\ 0.4 & 0.8 \end{pmatrix} \quad R \cap S = \begin{pmatrix} 0.5 & 0.3 \\ 0.3 & 0.7 \end{pmatrix}$$

$$R^C = \begin{pmatrix} 0.5 & 0.7 \\ 0.6 & 0.2 \end{pmatrix} \quad S^T = \begin{pmatrix} 0.8 & 0.3 \\ 0.5 & 0.7 \end{pmatrix}$$

例题 5-4 假设论域为：$X = \{x_1，x_2，x_3，x_4，x_5\}$，$A$，$B$ 为论域 X 的两个模糊子集。

$$A = 0.2/x_1 + 0.7/x_2 + 1/x_3 + 0.5/x_5$$

$$B = 0.5/x_1 + 0.3/x_2 + 0.1/x_4 + 0.7/x_5$$

试求：A 与 B 交集和并集。

解：

$$A \cup B = \frac{0.2 \vee 0.5}{x_1} + \frac{0.7 \vee 0.3}{x_2} + \frac{1 \vee 0}{x_3} + \frac{0 \vee 0.1}{x_4} + \frac{0.5 \vee 0.7}{x_5}$$

$$= \frac{0.5}{x_1} + \frac{0.7}{x_2} + \frac{1}{x_3} + \frac{0.1}{x_4} + \frac{0.7}{x_5}$$

$$A \cap B = \frac{0.2 \wedge 0.5}{x_1} + \frac{0.7 \wedge 0.3}{x_2} + \frac{1 \wedge 0}{x_3} + \frac{0 \wedge 0.1}{x_4} + \frac{0.5 \wedge 0.7}{x_5}$$

$$= \frac{0.2}{x_1} + \frac{0.3}{x_2} + \frac{0.5}{x_5}$$

$$A^C = \frac{0.8}{x_1} + \frac{0.3}{x_2} + \frac{1}{x_4} + \frac{0.5}{x_5}$$

$$B^C = \frac{0.5}{x_1} + \frac{0.7}{x_2} + \frac{1}{x_3} + \frac{0.9}{x_4} + \frac{0.3}{x_5}$$

5.6.4　模糊 C 均值聚类

5.6.4.1　简介

模糊 C 均值聚类（Fuzzy C-Means Algorithm）是在 C 均值聚类的基础上，引入了隶属度函数的概念。

5.6.4.2　基本思想

首先设定类及每个样本对各类的隶属度；然后通过迭代，不断调整隶属度至收敛。收敛条件是隶属度的变化值小于或等于给定的阈值。

假设样本集 $X = \{x_1, x_2, \cdots, x_i \cdots, x_n\}$，$n$ 为 X 的样本总数，样本 x_i 有 m 个属性，$V = \{v_1, v_2, \cdots, v_i \cdots, v_n\}$ 为 c 个类中心构成的矩阵，$v_i = \{v_{i1}, v_{i2}, \cdots, v_{ii}, v_{im}\}$ 为第 i 个类中心，c 为类的个数。

不断地迭代更新（U, V）直到目标函数达到最小值。假定数据集 $X = \{x_1, x_2, \cdots, x_i \cdots, x_n\} \subset R^n$，$n$ 为数据集 X 中元素的个数，样本 X_k 有 s 个属性值，$V = \{v_1, v_2, \cdots, v_i \cdots, v_n\}_{i \times c}$ 为 c 个聚类中心组成的矩阵，其中 $V_i = \{v_{i1}, v_{i2}, \cdots, v_{in}\}^y$ 为第 i 个聚类中心元素，c 为聚类类别数，$c \subset [2, n)$。

FCM 算法的目标函数的定义如下：

$$J_m(U, V) = \sum_{i=1}^{c} \sum_{j=1}^{m} \mu_{ij}^m d_{ij}^2 \tag{5-16}$$

满足下列约束条件

$$\begin{cases} \sum_{i=1}^{c} u_{ij} = 1 & 1 \leqslant j \leqslant n \\ 0 \leqslant u_{ij} \leqslant 1 & 1 \leqslant i \leqslant c,\ 1 \leqslant j \leqslant n \\ 0 \leqslant \sum_{i=1}^{n} u_{ij} \leqslant n & 1 \leqslant i \leqslant c \end{cases} \tag{5-17}$$

其中，u_{ij} 为第 i 个样本 x_i 属于第 j 个聚类中心 V_i 的隶属度，$m \subset [1, \infty)$ 为模糊指数，控制着划分矩阵间的模糊程度。换句话说，m 越小，聚类结果类间的模糊程度越低。

$d_{ij} = \| x_j - v_i \|$ 表示第 j 个样本 x_i 到第 i 个聚类中心 V_i 的欧氏距离，$U = [u_{ij}]_{c \times n}$ 为隶属度矩阵。

利用 Lagrange 函数法重新建立目标函数，并对其 u_{ij} 和求偏导数，令导数为 0，求解出 u_{ij} 和 V_i，才能满足 FCM 算法的目标函数 $J_m(U, V)$ 取得极小值。

$$v_i = \frac{\sum_{j=1}^{n} u_{ij}^m x_j}{\sum_{j=1}^{n} u_{ij}^m} \quad (j = 1, \cdots, c) \qquad (5-18)$$

$$u_{ij} = \frac{1}{\sum_{k=1}^{c} \left(\frac{d_{ij}}{d_{jk}} \right)^2} \quad (i = 1, \cdots, n; j = 1) \qquad (5-19)$$

FCM 算法的基本思想是不断迭代更新 (U, V)，使得目标函数达到最小值。

FCM 算法的流程如图 5-1 所示。

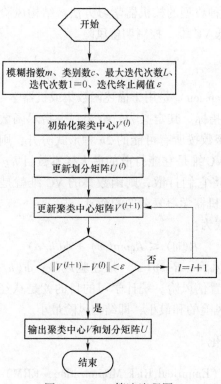

图 5-1 FCM 算法流程图

6 支持向量机

6.1 简介

1995 年，美国贝尔实验室 Vapnik 教授首次提出了支持向量机，其以统计学习理论为基础，采用结构风险最小化准则，解决了非线性、高维和局部最小等问题，并具有较好的推广能力（Generalization Ability，GA）。后来，国内外众多学者又提出了许多改进的支持向量机算法，成功地应用于如手写体和数字识别、人脸识别和人脸检测、文本分类、语音识别和医学影像识别等各个领域。

6.2 VC 维与结构风险最小化

支持向量机是基于统计学的 VC 维和结构风险最小原理（Structural Risk Minimization，SRM）的一种典型的核机器学习方法。结构风险最小化就是在保证经验风险的情况下，降低 VC 维，控制期望风险。

6.2.1 VC 维

VC 维（VC，Dimension）是用于描述函数集或机器学习能力（Capacity of the Machine）的一个重要指标。其定义为：给定一个指示函数集，如果存在 h 个样本能够被函数集中的函数按所有可能的 $2h$ 种形式分开，则称函数集能够把 h 个样本打散。函数集的 VC 维是它能打散的最大样本数目 h。显然，如果对任意数目的样本都有函数能将它们打散，则函数集的 VC 维就是无穷大。VC 维越大，学习越复杂，VC 维是机器学习复杂度的衡量。

泛化误差界的公式为：

$$R(w) \leqslant Remp(w) + \phi(h/n) \tag{6-1}$$

式中，$R(w)$ 是真实风险；$Remp(w)$ 是经验风险；$\phi(h/n)$ 是置信风险。即：结构风险＝经验风险＋置信风险。统计学习的目的就是从经验风险最小化变为了寻求经验风险与置信风险的和最小，即结构风险最小。

6.2.2 经验风险最小化

经验风险最小化（Empirical Risk Minimization，ERM）使用经验风险泛函最小的函数来逼近期望风险泛函最小的函数，成为经验风险最小化归纳原则。对于小样本问题，经验风险效果并不理想。

6.3 基本原理

支持向量机是利用结构化风险最小化，提高分类器的泛化能力。其目的是寻找一个超平面来对样本进行分割，分割的原则是分类间隔最大化。支持向量机的分类最终转化为式（6-2）所示的凸二次规划问题求解。

$$\min_{\omega,\,b,\,\xi} \frac{1}{2}\parallel \omega \parallel^2 + \sum_{i=1}^{l} C_i\xi_i$$

$$\text{s. t. } y_i(\omega\phi(x_i) + b) \geqslant 1 - \xi_i$$

$$\xi_i \geqslant 0 \quad (i = 1,\, 2,\, \cdots,\, l)$$

$$(6-2)$$

式（6-2）中的第二项称为惩罚项，C 是常量，称为误差惩罚参数或惩罚项因子，ξ_i 是松弛变量或松弛因子。通常 C 的值越大，表示对错误分类的惩罚就越大。

SVM 的优点：

（1）线性不可分时，通过核函数把低维线性不可分数据映射到高维空间中实现线性可分。核函数的巧妙引入，避免了"维数灾难"问题。因为它避免了向量在高维空间中直接计算的复杂性，其计算的复杂性是取决于支持向量的数目。增加和删除非支持向量样本对计算复杂性没有影响。

（2）支持向量机求解过程是一个二次凸优化问题，其目标函数不存在局部最小值。

6.4 核函数

6.4.1 简介

常用的核函数主要有 4 种，详见表6-1。目前，高斯核函数采用的较多。

表6-1 常用核函数

名 称	表达式	说 明
高斯核函数	$K(x,\, y) = \exp\left(-\dfrac{\parallel x - y \parallel^2}{2\sigma^2}\right)$	σ 为常数，由用户定义
多项式核函数	$K(x,\, y) = (x \cdot y + 1)^d$	$d = 1,\, 2,\, 3,\, \cdots$，由用户定义
Sigmoid 核函数	$K(x,\, y) = \tanh[\,b(x \cdot y) - c\,]$	$b,\, c$ 为常数，由用户定义
B - 样条核函数	$K(x,\, y) = B_{2p+1}(x - y)$	其中 $B_{2p+1}(x)$ 是 $2p + 1$ 阶 B - 样条核函数

核函数的性质如下：

命题 6. 1

设 K_1 和 K_2，K_2 是 $X \times X$ 上的核函数，其中 $X \subseteq R^d$，$d \in R^+$，f 是 X 上的实函数，映射 $\phi: X \to F$。

K_3 为 $R^d \times R^d$ 上的一个核函数，B 为 $n \times n$ 阶的半正定对称矩阵。则下面核函数的组合仍构成核函数：

（1）$K(x, z) = K_1(x, z) \mid K_2(x, z)$；

（2）$K(x, z) = aK_1(x, z)$；

（3）$K(x, z) = K_1(x, z)K_2(x, z)$；

（4）$K(x, z) = f(x)f(z)$；

（5）$K(x, z) = K_3(\Phi(x), \phi(z))$；

（6）$K(x, z) = x'Bz$。

由核函数的性质可知，如果某个核函数满足 Mercer 核的条件，就可以根据上面的性质，即加法和乘法的封闭性构造出更为复杂的核函数，以满足特定的应用需要。

命题 6. 2

如果 $K_i(x, z)(i=1, 2, \cdots, m)$ 是核函数，则下面的函数仍构成核函数。

（1）$K(x, z) = \exp(K_1(x, z))$；

（2）$K(x, z) = \sum_{i=1}^{m} c_i K_i(x, z)$，其中 c_i 为任意正实数；

（3）$K(x, z) = \sum_{i=1}^{m} \sum_{j=1}^{m} K_j(x, z)$。

核矩阵则是表示在高维特征空间中，任意一对样本的点积，与核函数有着密切的关系。如果核函数是有效的，核矩阵则是对称和半正定的。

$$
K = \begin{bmatrix}
k(x_1, x_1) & k(x_1, x_2) & \cdots & k(x_1, x_m) \\
k(x_2, x_1) & k(x_2, x_2) & \cdots & k(x_2, x_m) \\
\vdots & \vdots & & \vdots \\
k(x_m, x_1) & k(x_m, x_2) & \cdots & k(x_m, x_m)
\end{bmatrix}
$$

6. 4. 2　结构数据的核函数

支持向量机的特点就是通过引入核函数，将非线性分类问题映射到高维空间达到线性可分的目的。常用的核函数如高斯核函数和多项式核函数等都取得了较好的效果。然而很多模式分类问题涉及结构化数据，如图、树和序列等，输入数据往往长度不相等的向量，各分量往往具有不同的语义，不能同等看待。对于序列数据而言，由于缺乏考虑序列数据信息的相似性，效果不佳。学者开始研究基于结构数据的核方法，取得了较好的结果。如使用邻域核识别纹理图像，使用字符串核和词序列核进行文本分类，使用边界化核进行蛋白质分类等。什么是结构数据，现在尚没有统一的定义。一般情况下，文本、图像、空间数据和蛋白质和基因等都可视为结构数据。常用的结构数据的类型有：串、树、图和集合等。如何有效地利用数据的内在的结构信息，构造相应的核函数，可以提高 SVM 性能。

SVM 虽然可直接处理向量数据，但是对于字符串、图像和蛋白质等无法直接输入又含有一定结构信息的结构化数据，如何将结构化数据转换成向量（即构造结构化数据核函数）再应用到支持向量机等方法中，仍是一个亟待解决的难题。因此，构造适合的结构化数据核函数，设计出高效的核方法也是目前研究的一个热点。

表 6-1 中的核函数是基于向量空间模型，缺乏利用数据间的结构信息，而且要求向量的长度是固定的。为了克服这一问题，通常对所专注的领域寻找具有物理、化学和生物意义的相似性，构造一种特殊的核函数即结构化数据核函数。结构化数据核函数常用的类型有字符串核函数、树核函数和图核函数。对于结构化数据，要根据数据的结构信息定义反映数据间相似性的合法的核函数，然后再应用某种核方法对这些数据进行处理。定义结构化数据核函数的方法可按如下方式分类。

（1）利用核函数的运算性质。首先定义每个成分的核函数，然后将这些核函数利用某种运算构成合法的核函数，称为组合核。主要的代表有卷积核与邻域核。Barzilay 等人在纹理识别中采用了邻域核（Neighborhood Kernel）以利用数据中的结构知识。卷积核（Convolution Kernel）由 Haussler 提出，并应用于字符串核。

（2）直接定义特征空间的点积，不需考虑 Mercer 条件。由于特征空间的维数通常很大，因此需要给出计算核函数的高效算法，称为句法驱动核。句法驱动核的主要思想是把对象分解成子结构（如子序列、子树或子图），特征向量则由子结构的计数组成。Leslie 等人在蛋白质分类中提出了系列核（Spectrum kernel）的概念，在长度为 l 的字符集上，定义长度为 k 的字符序列的 k-系列核。Collins 等人在自然语言处理问题中采用了树核（Tree kernel）。自然语言体现为字符串（句子），但其中隐含着某种句法结构。

（3）利用描述数据的某种模型（例如：马尔可夫模型）将数据转换成向量空间形式，称为模型驱动核。

（4）利用指数函数将对称矩阵转化成合法的核函数，称为指数核（Exponential kernel）。指数核由 Kondor 等人提出，其主要思想是矩阵的指数运算可以产生符合正定准则的核。

6.5　多类支持向量机

支持向量机最初是针对二类分类问题设计的。那么在处理多类分类的问题时，如何构造合适的多类分类器呢？目前常用的构造多类支持向量机方法有直接法和间接法两种。

直接法是直接在目标函数上进行修改，将多个分类面的参数求解合并到一个最优化问题中，通过求解该最优化问题"一次性"实现多类分类。其计算复杂度相对较高。

间接法则将多个二分类器组合来构造多分类器。常见的策略有一对一（One-Versus-One，OVO）和一对多（One-Versus-Rest，OVR）两种。另外还有二叉树（Binary Tree，BT）和有向无环图（Directed acyclic graph，DAG）的多类支持向量机。分别简要介绍如下。

6.5.1　一对一支持向量机

基本思想：在训练过程中，从训练集中每次选取两类样本构造一个二类分类器。如果训练集有 k 个类别，则将构造 $k(k-1)/2$ 个分类器。其优点：当类别数目少时，训练效率较高。但类别数较多时，即 k 的值较大，由于需要较多二类分类器，分类效率会有所降低。

例如：假设有 A、B、C 和 D 四个类别，按照一对一的分类方法得到 (A, B)、(A, C)、(A, D)、(B, C)、(B, D) 和 (C, D) 共 6 个二类支持向量机。当测试时，将待分类样本用 6 个支持向量机进行测试，再用投票法求得分类结果。

6.5.2　一对多支持向量机

基本思想：将一类样本作为正类，剩余的样本的总和作为负类。如果有 k 个类别，则就构造了 k 个支持向量机。进行分类决策时，将未知样本分类分别输入到各个子分类器，计算每个子分类器的决策值，将未知样本分类确定为具有最大分类函数值的那类。

假设有 5 个类别，分别是 A、B、C、D 和 E。按照一对多的基本思想可以得到 5 个二类支持向量机，其相应的训练集如表 6-2 所示。

表 6-2　5 类一对多分类

正类	负类	正类	负类
A	B, C, D, E	D	A, B, C, E
B	A, C, D, E	E	A, B, C, D
C	A, B, D, E		

图 6-1 中训练集有三类样本，按照一对多的分类方法，我们可以得到 3 个两

类分类器。与一对一支持向量机类似，一对多的支持向量机可能存在不可分或不确定区域，如图 6-1 中的 D_4 区域。

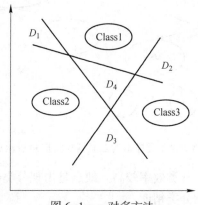

图 6-1 一对多方法

6.5.3 二叉树支持向量机

支持向量机的二叉树多分类与二叉树的构建类似，二叉树的每个节点是一个二类支持向量机分类器。其基本思想：将训练集的所有样本分为两个一级子类，再将子类分为两个二级子类，如此循环，直到节点中只有一个类别，即叶子结点为止。

图 6-2 是一棵含 8 类样本的完全二叉树，内节点将所包含的样本类别平均分为两个包含相同类别数的子类。如果内节点不是平均分的，而是将一个类与其余剩下的类别构造分类器，则构成一棵偏二叉树。图 6-3 左侧二叉树是完全二叉树，每个节点的样本划分为类别数目平衡的两类；图 6-3 右侧二叉树是偏二叉树，每个节点的样本划分类似于"一对多"方法，将一类与剩下的所有类别作为两类样本。

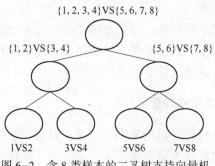

图 6-2 含 8 类样本的二叉树支持向量机

应用二叉树方法解决支持向量机 n 类分类需要训练 $n-1$ 个子分类器。决策时

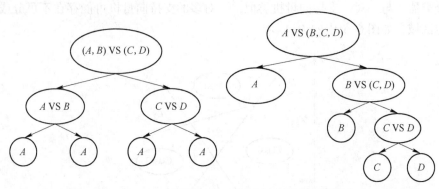

图 6-3 含 4 类样本的二叉树支持向量机示意图

也不用遍历所有分类器，分类效率较高。缺点是出现分类错误将使其后续节点的分类持续产生错误，影响分类精度。

6.5.4 有向无环图支持向量机

有向无环图（Directed Acyclic Graph，DAG）支持向量机是由 Platt 于 1999 年提出的，是一个无回路的有向图，即每条边都有方向且无环的图。利用有向无环图解决支持向量机的 n 分类问题时，要训练 $n(n-1)/2$ 个子分类器。有向无环图将多个子分类器组合成一个 n 层的有向无环图，从根节点开始分类，下一层节点对上一节点的分类结果持续分类，直到划分到某个叶子节点为止。

6.6 单类支持向量机

单类支持向量机（One Class Support Vector Machine，OSVM）是由 Schölkopf 等人在支持向量机的基础上，于 2001 年提出的。所谓的单类是指训练集中只有一类样本，剩余的样本称为负类。解决单类问题的支持向量机称为单类支持向量机，其广泛应用于入侵检测技术和故障诊断等领域。典型单类支持向量机有基于密度和基于边界的方法等。

单类支持向量机基本思想是：首先通过非线性变换把数据映射到高维的特征空间，然后在特征空间中，把原点作为异常点，求出训练样本与原点的最大间隔的超平面。对测试样本，通过超平面进行分类。

6.6.1 基于密度的单类支持向量机

基于密度的单类支持向量机的基本思想是：首先估计样本的概率密度，然后再根据设定的阈值来判断样本是否属于正常类。由于实际的样本数据常常反映的是数据所处的区域，而不是密度分布，因此采用基于密度的方法可能把正常类的稀疏区域作为低密度而错误判断。

6.6.2 基于边界的单类支持向量机

基于边界的单类支持向量机的基本思想是：首先通过寻找最小化的超平面或超球，将样本数据尽量地包含在超球内，然后通过超平面或超球判断测试数据是否属于正常类。由于该方法是寻找样本的边界而非密度，因此它比较适合处理高维、有噪和有限样本的单类问题。

6.7 基于增量学习的支持向量机

Osnna 等人提出的分解算法和 Platt 提出的序列最小优化算法（Sequential Minimal Optimization）可以用于解决大样本的训练问题。但当样本所占空间超过内存大小时，方法失效。因此，基于增量学习的支持向量机受到了学者的关注。目前，国内外研究增量学习的支持向量机方法大体上可以分为 4 大类：错误驱动法、固定划分法、过间隔法和错误驱动法+过间隔法。

6.7.1 错误驱动法

错误驱动法基本思想是保留支持向量机分类器错分类的数据。假设在某个时间 t 的支持向量机分类器为 SVM_t，当新增的数据（或样本）装入内存时，用 SVM_t 进行分类，如果数据被错误分类，则保留这些数据；否则舍去，一旦误分类的数据达到某个给定的阈值 Ne，则被错误分类的数据与支持向量机为 SVM_t 的支持向量机 SV_t 一起作为训练样本，用于获得新的支持向量机为 SVM_{t+1}。此时的训练集样本数为：$Ne+SV_t$。

此方法简单实用，在分类精度要求不大的情况下，可以采用此方法。

6.7.2 固定划分法

固定划分法基本思想是将训练的样本（数据）分割为大小固定的部分，当新增的数据装入内存时，将其加入当前的支持向量，作为训练集用于训练新的 SVM_{t+1}。此时训练集样本个数为：SV_{t+1} 新增样本。

6.7.3 过间隔法

过间隔法基本思想是假设在某个时间 t 的支持向量机分类器为 SVM_t，新增加的数据为 $\{x_i, y_i\}$，如果 $\{x_i, y_i\}$ 越过 SVM_t 定义的最大间隔，也就是说，$y_i f(x_i) \leqslant -1$，进行判断，（检测 SVM_t 的边界）如果 $\{x_i, y_i\}$ 满足条件，则保留数据；否则丢弃此数据。根据具体实际应用，选择一个阈值 Ne，如果越过边界的数据点达到 Ne 的值，则这 Ne 个数据与 SVM_t 的支持向量一起作为训练样本，产生新的支持向量机 SVM_{t+1}。此时的训练样本数为：$Ne+SV_t$。

此方法的特点是巧妙地利用了 KKT 为最优解的充分必要条件，降低了时间复杂度。

6.7.4 错误驱动法+过间隔法

错误驱动法+过间隔法基本思想是假设在时间 t 的支持向量机为 SVM_t，新增加的数据为 $\{x_i, y_i\}$，则利用 KKT 条件进行判断，（检测 SVM_t 的边界）如果满足 KKT 条件的点则保留数据（样本）点，否则使用 SVM_t 进行分类；如果误分类，则保留数据，否则，舍去数据。当间隔或误分类的数据达到阈值 Ne，则使用 Ne+SV_t 作为训练集，训练获得新的支持向量机为 SVM_{t+1}。

显然，增量训练集的引入破坏了原来存在的 SV 和整个训练集之间的等价关系，因此在线学习技术研究的关键是寻找新的 SV。由于 SVM 训练中包含一个凸二次规划问题，所以 KKT 条件成为最优解的充分必要条件。设 a 为 Lagrange 乘子，根据 a 值的不同，训练集的样本有下面 3 种情况：

（1）$a=0$ 对应的样本分布在分类器的分类间隔之外；

（2）$0<a<C$ 对应的样本分布在分类器的分类间隔之上；

（3）$a=C$ 对应的样本分布在分类器的分类间隔之内。

新增样本加入后，原样本中，非支持向量可能变为支持向量。（1）位于分类间隔中，与本类在分类边界同侧，可以被原分类器正确分类的样本，满足 $0 \leqslant y_i f(x_i) < 1$；（2）位于分类间隔中，与本类在分类边界异侧，被原分类器分类错误的样本，满足 $-1 \leqslant y_i f(x_i) \leqslant 0$；（3）位于分类间隔外，与本类在分类间隔异侧，被原分类器分类错误的样本，满足 $y_i f(x_i) < -1$。对新增样本再学习要考虑运算时间和分类精度。显然，对新增样本再学习得到新的 SVM 分类器时，利用 KKT 条件比利用分类函数进行分类更能节省训练时间。

6.8 基于 Python 的支持向量机的实现

一、数据来源

UCI 数据集是美国加州大学欧文分校构建的用于机器学习的数据集，该数据集共有 335 个数据集，是一个常用的标准测试数据集。实验采用的数据集是从 UCI 数据集中下载的葡萄酒原始数据集，数据集包括红葡萄酒样本以及白葡萄酒样本，每个样本包含 12 个变量：固定酸度、挥发酸度、柠檬酸、残糖、氯化物、游离二氧化硫、总二氧化硫、密度、pH 值、硫酸盐、酒精和葡萄酒的质量。

wine. data(from uci)——Number of Instances：178，Number of Attributes：13

二、数据加载与数据处理

1. 数据预处理

（1）利用自定义函数 loadDataSet(fileName) 获取数据集数据，并对数据进行处理。

（2）自定义函数 visualData(dataMat，labelMat)，绘制原始数据散点图。

（3）利用 train_test_split( ) 函数进行交叉验证数据集划分。

2. 利用高斯核函数生成和训练 SVM

高斯核函数是 SVM 最常用的核函数，又称为径向基核函数。

$$clf = svm. SVC(kernel =' rbf', gamma = 0.7, C = 1).fit(dataMat, labelMat)$$

三、相关参数计算与输出

1. 训练集预测：clf. score(x_train, y_train)

2. 训练集精确度：show_accuracy(y_hat, y_train,'训练集')

3. 测试集预测：clf. score(x_test, y_test)

4. 测试集精确度：show_accuracy(y_hat_test, y_test,'测试集')

5. 决策函数：clf. decision_function(x_train)

6. 预测：clf. predict(x_train)

四、绘制图像

```
plt. title(' Scatter plot of data distribution ', fontsize = 15)
plt. scatter(dataMat[:,0], dataMat[:,1], c = labelMat)
plt. show( )
```

注：自定义函数

1. 将数据集写入列表。

```
def loadDataSet(fileName):

dataMat = [ ]
labelMat = [ ]
fr = open(fileName)
for line in fr. readlines( ):
curLine = line. strip( ). split(',')
fltLine = list(map(float, curLine[1:]))
dataMat. append(fltLine)
labelLine = int(curLine[0])
labelMat. append(labelLine)
```

```
return np. array( dataMat) , np. array( labelMat)
```

2. 数据归一化，并绘制原始数据散点图。

```
def visualData( dataMat, labelMat) :

    dataMat_norm = preprocessing. normalize( dataMat , norm =' 12 ')
lda = LinearDiscriminantAnalysis( n_components = 2 )
    dataMat_new = lda. fit_transform( dataMat_norm , labelMat)
plt. title(' Scatter plot of data distribution ', fontsize = 15 )
plt. scatter( dataMat[ : ,0] , dataMat[ : ,1] , c = labelMat)
plt. show( )
return dataMat_new
```

7 人工神经网络

7.1 简介

本章主要介绍人工神经网络的发展过程、基本概念、基本特点、常见的网络结构和模型。

7.1.1 发展过程

人工神经网络的发展大体上经历了以下 4 个阶段。

（1）启蒙阶段。

1）M-P 模型：1943 年，美国心理学家麦克洛奇（Mcculloch）和数理逻辑学家 Pitts 合作，根据生物神经元的特性和结构，提出了简单的人工神经元 M-P（McCulloch and Pitts）模型，标志着人工神经网络研究工作的开始。

2）Hebb 规则：1949 年，加拿大心理学家赫布（Hebb）提出了神经元之间突触的联系强度具有可变性的假设，可变性是学习和记忆的基础，称为 Hebb 规则。

3）感知器模型：1958 年，计算机科学家罗森勃拉特（Rosenblatt）提出了感知器，可以进行分类和识别，成为第一个真正意义上的人工神经网络，掀起人工神经网络研究的第一次高潮。

（2）低潮阶段。

1969 年，人工智能的创始人之一 Minsky 与 Papert 合作出版的《Perceptrons》一书，提出简单的线性感知器的功能是有限的，难以解决线性不可分的两类分类问题。人工神经元网络的研究进入了 10 年的低潮期。

（3）复兴阶段。

1）Hopfield 网络。1982 年，美国物理学家霍普菲尔德（Hopfield）提出了离散 Hopfield 网络，并证明了网络的稳定性。1984 年，Hopfield 又提出了连续神经网络，将网络中神经元的激活函数由离散型改为连续型。标志着人工神经网络研究高潮的再次兴起。

2）Boltzmann 机。1984 年，Hinton 等人提出 Boltzmann 机。

3）BP 神经网络。1986 年，儒默哈特（D. E. Rumelhart）等人提出了 BP 算法（Error Back-Propagation），证明了多层神经网络具有非常强的学习能力。

4）RBF 神经网络。是由 J. Moody 和 C. Darken 于 1988 年提出的，其具有结构简单、泛化能力强和收敛速度快等特点。广泛地应用于非线性函数逼近、时间序列分析、数据分类和图像处理等领域。

（4）再次高潮阶段。

深度学习由 Hinton 等人于 2006 年提出。深度学习打破了传统人工神经网络对层数的限制。

人工神经网络经过多年发展，有一百余种人工神经网络被提出。目前，量子神经网络又受到了科学家和学者的广泛关注，量子神经计算机、利用量子理论的概念和方法对传统神经网络改进等研究方向潜力巨大。

7.1.2　人工神经元

人的大脑大约有 10^{12} 个的神经元组成，神经元按照某种方式，相互连接形成了人脑的生物神经网络。人工神经网络就是科学家们模仿人脑的神经网络的结构和功能设计和实现的算法。

人脑的神经元是大脑信息处理的基本单元，其基本结构如图 7-1 所示，主要由细胞核、树突、轴突和突触组成，各自的主要作用如下：

细胞体：接受和处理信息的单元。

树突：接受其他神经元发出的信息。

轴突：输出来自细胞体发出的信息。

突触：连接神经元。神经元的神经末梢与另一个神经元的树突相接触，位于神经元的神经末梢尾端。突触是轴突的终端。

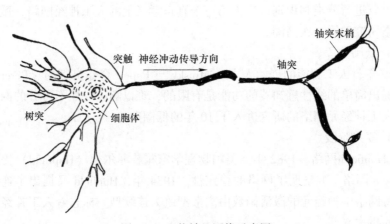

图 7-1　生物神经网络示意图

人工神经元是生物神经元的模拟，是有向加权弧连接的有向图。有向加权弧的权值表示连接的两个人工神经元间相互作用的强弱。如图 7-2 所示，其中

$(x_0, x_1, \cdots, x_n)$ 是人工神经元，$w_i(i=1, 2, \cdots, n)$ 是权值。

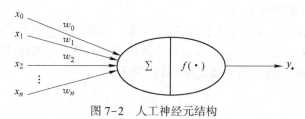

图 7-2 人工神经元结构

人工神经网络的输出取决于网络的结构、网络的连接方式、权重和激活函数。

7.1.3 人工神经网络特点

人工神经网络主要有以下特点：

（1）联想记忆功能：具有对外界刺激和输入信息进行联想记忆的能力。联想记忆分为自联想和异联想记忆。

（2）并行性：可以进行大规模的并行处理，其网络结构和处理顺序是并行的。

（3）非线性：输入到输出是非线性映射。

（4）自适应和自学习性：具有较强的自学习和自适应能力。

7.1.4 人工神经网络分类

不同的方式决定着人工神经网络的分类不同。按网络的拓扑结构可以分为前馈网络和反馈网络；按性能可分为连续型和离散型网络；按学习方法可分为有监督学习网络和无监督学习网络。

前馈网络中，神经元接受上一级的输入，输出到下一级，网络中无反馈，可用一个有向无环路图表示，网络结构简单，易于实现。如：单层感知器、多层感知器和 BP 神经网络等属于前馈网络。

反馈网络神经元间有反馈，这样的神经网络的信息处理是状态的变换。系统的稳定性与联想记忆功能有密切关系。Hopfield 和玻尔兹曼机等属于反馈网络。

7.1.5 激活函数

人工神经网络是由大量的神经元节点相互联接构成，每个节点代表一种特定的输出函数，称为激活函数（Activation Function），增加神经网络的非线性。

激活函数的性质：

（1）非线性。保证数据非线性可分。

（2）可微性。计算梯度时必须要有此性质。

（3）单调性。激活函数单调时，单层网络能够是凸函数。

常用的激活函数有下面几种：

（1）阈值函数：该函数也称为阶跃函数。当激活函数采用阶跃函数时，即为 MP 模型。神经元的输出值为 1 或 0，分别表示神经元的兴奋或抑制。

（2）Sigmoid 函数。函数如式（7-1）所示。

$$f(x) = \frac{1}{1 + e^{-\alpha x}} \quad (0 < f(x) < 1) \tag{7-1}$$

Sigmoid 函数是 S 形曲线，可将输入的连续实值变换为（0，1）的输出，如果是非常大的负数，则输出 0；如果是非常大的正数，则输出 1。其存在梯度消失问题（Vanishing Gradient Problem）。函数如图 7-3 所示。

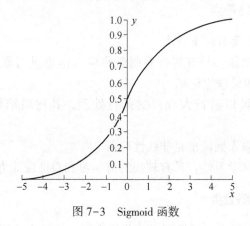

图 7-3　Sigmoid 函数

（3）tanh 函数。tanh 函数又称为正切函数，其函数形式如式（7-2）所示。其函数如图 7-4 所示。

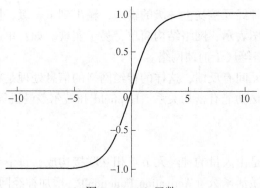

图 7-4　tanh 函数

$$f(x) = \frac{1 - e^{-2x}}{1 + e^{-2x}} \tag{7-2}$$

tanh 函数解决了 Sigmoid 函数非中心化/零均值化（Zero-centered）输出问题，仍存在梯度消失的问题。

目前，ReLU 函数及其改进函数，如 Leaky-ReLU、P-ReLU 和 R-ReLU 等在卷积神经网络中是较为常用的激励函数。

（4）ReLU 函数。修正线性单元函数（Rectified Linear Units，ReLU）与 sigmoid 和 tanh 函数相比，较好地解决了梯度消失问题。ReLU 有收敛快、求梯度简单的特点。当 x 小于 0 时，会出现梯度为 0 的现象。ReLU 函数如图 7-5 所示。

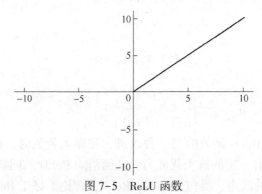

图 7-5 ReLU 函数

（5）PreLU(Leaky-ReLU) 函数。函数形式如式（7-3）所示。其函数如图 7-6 所示。

$$F(x) = \max(ax, x) \tag{7-3}$$

PreLU 是 ReLU 的改进。从图 7-6 中可以看出，当 x 小于 0 时，PreLU 有较小的斜率，避免 ReLU "死掉" 的问题。与 ReLU 函数比较，斜率虽小，但不等于 0。参数 a 的取值为 0~1 之间。当 $a = 0.01$ 时，PreLU 称为 Leaky-ReLU。

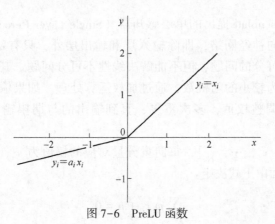

图 7-6 PreLU 函数

（6）ELU 函数。ELU(Exponential Linear Units) 函数形式如式（7-4）和图 7-7 所示。

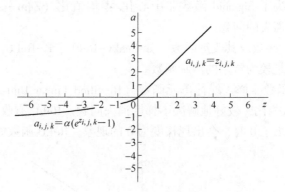

图 7-7 ELU 函数

$$a_{i, j, k} = \begin{cases} z_{i, j, k} & (z_{i, j, k} \geqslant 0) \\ \alpha(e^{z_{i, j, k}} - 1) & (z_{i, j, k} < 0) \end{cases} \qquad (7-4)$$

ELU 函数是对 ReLU 函数的另一种改进，在输入负数时，输出不再是 0，有一定的输出，并具有一定的抗干扰能力，从而消除 ReLU 的问题。

ELU 是 ReLU 的改进，类似于 Leaky ReLU，理论上好于 ReLU。

（7）Maxout 函数。Maxout 函数是在 ICML2013 由 Goodfellow 等人提出的，其将 Maxout 和 Dropout 结合，在 MNIST 等数据集上都取得了较好的识别率。Dropout 的特点是小数据量的效果不如大数据量的效果好。

7.2 感知器

7.2.1 单层感知器

美国学者 Rosenblatt 提出的单层感知器（Single Layer Perceptron）是仅有一层计算单元的前向神经网络，即除输入层和输出层外，只有一层神经元节点。能快速求解线性可分的问题，但不能解决线性不可分问题。其基本思想：首先将权值和阈值设为较小的随机数，通过加权运算处理。如果输出与期望输出有较大的差值，则调整权值，多次重复，直到输出的与期望输出差值满足要求为止。

假设 $x = [x_1, x_2, \cdots, x_n]$，每向量分量对应的权值为 w_i，单层感知器进行模式识别的超平面由下式决定：

$$\sum_{i=1}^{N} w_i x_i + b = 0 \qquad (7-5)$$

当维数 $N = 2$ 时，输入向量可以表示为平面直角坐标系中的一个点。此时分类超平面是一条直线：$w_1 x_1 + w_2 x_2 + b = 0$，将样本点沿直线划分成两类。

感知器的局限性是感知器的激活函数使用阈值函数，使得输出只能取两个值，只对线性可分的问题收敛。

7.2.2　多层感知器

在单层感知器的输入和输出间增加一层或多层处理单元，就构成了二层或多层感知器。多层感知器解决了单层感知器无法解决的问题。如二层感知器可以解决异或逻辑运算问题。

7.3　BP 神经网络

7.3.1　简介

BP（Back Propagation）神经网络是一种多层前向反馈网络。BP 神经网络的结构如图 7-8 所示，包含了 n 个输入节点，q 个隐层神经元和 m 个输出节点，是多层前馈神经网络。输入层第 i 个神经元与隐层第 k 个神经元之间的连接权重为 v_{ik}，隐层第 k 个神经元与输出层第 j 个神经元之间的连接权重为 w_{jk}，记隐层第 k 个神经元收到的输入为 $a_k = \sum\limits_{j=1}^{n} v_{jk} x_j$，输出层第 j 个神经元受到的输入为 $b_j = \sum\limits_{j=1}^{m} w_{kj} z_k$，其中 z_k 为隐层第 k 个神经元的输出。

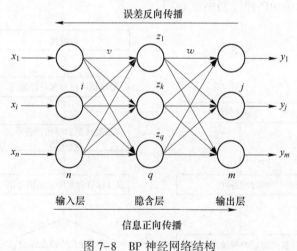

图 7-8　BP 神经网络结构

7.3.2　基本原理

BP 神经网络的基本原理是利用输出后的误差估计前一层的输出误差，再用前一层的输出误差估计更前一层的误差，以此类推，求出每一层的误差估计。

BP 神经网络包括两个基本过程，信号的前向传播和误差的反向传播。前向传播计算误差，反向传播调整权值和阈值。

前向传播：输入信号通过隐含层，经过非线性变换，作用于输出节点，产生输出信号，当实际输出与期望输出不相符时，转入误差的反向传播过程。

反向传播：输出误差通过隐含层向输入层逐层反传，同时将误差传播到各层所有的单元，以各层的误差信号作为调整各单元权值的依据，通过调整隐层节点与输出节点的连接权值，以及阈值和输入节点与隐层节点的连接权值，使误差沿梯度方向下降。

7.3.3 算法步骤

（1）初始化：取足够小的初始权值。

（2）给出输入样本，每个样本由输入向量和期望的输出结果组成。

（3）分别计算经神经元处理后的输出层各节点的输出。

（4）计算网络的实际输出和期望输出之间的误差，判断误差是否在指定范围内。如果在指定范围内，则训练完成；不在指定范围内，则执行步骤（5）。

（5）从输出层反向计算到第一个隐层，并按照能使误差向减小方向变化的原则，调整网络中各神经元的连接权值及阈值，执行步骤（4）。

图 7-9 所示为 BP 神经网络流程图。

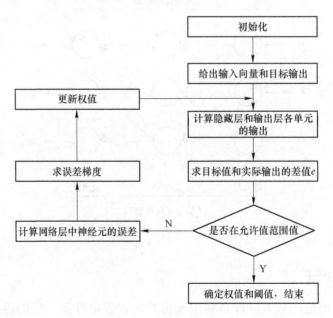

图 7-9 BP 神经网络流程图

7.3.4 BP 网络参数选择

输入与输出参数的确定如下：

（1）训练样本集大小。样本数量大小的确定：样本数 n 越大，训练结果越能正确反映其内在规律，但样本的获取难，另外，当样本数 n 达到一定值时，网络的精度收敛。

选择原则：网络规模越大，网络映射关系越复杂，样本数越多。一般说来，训练样本数是网络连接权总数的 5~10 倍。

（2）样本的组成与输入顺序。样本要有代表性，注意样本类别的均衡；样本的组织要注意将不同类别的样本交叉输入。

（3）初始权值选取。初始权值常选取的方法有：

取足够小的初始权值；

使初始值为+1 和-1 的权值数相等。

（4）隐藏层。隐藏层的层数：先设一个隐层，不能改善网络性能时，再增加一个隐层。常使用的 BP 神经网络是 3 层结构。

隐层节点的个数：隐层节点数目对神经网络的性能有一定的影响。隐层节点数过少时，不足以存储训练样本中蕴涵的全部规律。隐层节点过多不仅会添加网络训练时间，并且会将样本中非规律性的内容如干扰和噪声存储进去。

BP 神经网络的缺点是收敛速度较慢，可能出现局部极小的问题。局部极小时，误差虽然符合要求，但所求解不一定是问题的最优解。

7.4 RBF 神经网络

RBF 神经网络（Radical Basis Function，RBF）由输入层、隐藏层和输出层组成，其拓扑结构如图 7-10 所示。输入层节点传递输入信号到隐藏层，从输入层到隐藏层的变换是非线性变换，由若干个隐节点构成，从隐藏层到输出层的变换则是简单的线性变换。隐藏层到输出层之间的权值是可调的。

RBF 神经网络的关键的问题有径向基函数（核函数）中心选取、宽度参数和权值的确定。隐藏层的变换函数称为基函数，它是一种通过局部分布的、对中心点径向对称衰减的非负非线性函数，通常采用的基函数是高斯函数。

$$\varphi_i(x) = \exp\left(-\frac{\|x - c_i\|^2}{2\sigma_i^2}\right) \quad (i = 1, 2, \cdots, h) \tag{7-6}$$

式中，$\varphi_i(x)$ 为隐藏层第 i 个单元的输出；x 是输入向量；c_i 是隐藏层第 i 个高斯单元的中心；σ_i 表示该基函数围绕中心点的宽度，范数 $\|x-c_i\|$ 表示向量 x 与中心 c_i 之间的距离。

假设输入层节点数为 n，隐藏层和输出层节点的个数分别为 h 和 m。则 RBF

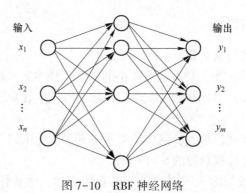

图 7-10 RBF 神经网络

网络的输出可表示为:

$$y_k = \sum_{i}^{n} w_{ki} \varphi_i(x) \quad (k = 1, 2, \cdots, m) \tag{7-7}$$

式中, y_k 为网络的输出; w_{ki} 是第 i 个隐藏层节点到输出层第 k 个节点的权值。式 (7-7) 的矩阵形式为:

$$Y = W\Phi \tag{7-8}$$

$$Y = [y_1, y_2, \cdots, y_m]^T$$

$$W = [w_1, w_2, \cdots, w_m]^T, \quad w_k = [w_{k1}, w_{k2}, \cdots, w_{kh}]^T \tag{7-9}$$

$$\Phi = [\varphi_1(x), \varphi_2(x), \cdots, \varphi_h(x)]^T$$

从 RBF 基函数可以看出, 其与支持向量机有相似之处。RBF 神经网络也是将原始的非线性可分的向量空间变换到另一空间 (通常是高维空间)。将低维空间非线性可分问题通过核函数映射到高维空间中, 使其达到在高维空间线性可分的目的。因此, RBF 神经网络也是一种强有力的核方法。

构建 RBF 神经网络主要步骤是选择基函数、选取基函数的中心、宽度参数选择和求权重值。

不恰当的隐藏层节点数目, 可能导致 RBF 网络无法正确地反映输入样本空间的分布。高斯函数的选取决定 RBF 神经网络分类性能的关键, 其选择的方法主要有两类: 一是根据经验选择函数中心。比如: 只要训练样本的分布能代表所给问题, 可根据经验选定均匀分布的 M 个中心, 其间距为 d, 可选取高斯核函数的方差为 $\sigma = d/\mathrm{sqrt}(2*M)$。二是采用聚类方法选择基函数中心。比如: 把样本聚类成若干个子类, 将类中心作为核函数中心, 而以各类样本的方差的某一函数作为各个基函数的宽度参数。

RBF 神经网络的权重系数的确定过程是求从隐藏层空间到输出空间的线性变换的权系数, 原理上比较简单。目前, 常用求权重系数的方法有最小均方误差法和递推最小二乘法。

RBF 神经网络算法基本步骤如下:

（1）确定基函数中心 c_i:

1）初始化所有聚类中心 c_i。

2）将所有样本 x 按最近的聚类中心分组。

3）计算各类的样本均值。

4）重复步骤2）和3），直到所有聚类中心不再变化，则将 c_i 作为 RBF 神经网络的中心。

（2）确定宽度 σ_i。

（3）调节输出层的权值 w。

（4）隐藏层参数的选取。

7.5 Hopfield 网络

离散的 Hopfield 网络是由美国加州理工学院物理学家 J. Hopfield 于 1982 年提出的。该模型是一种循环神经网络，从输出到输入有反馈连接。1984 年 Hopfield 又提出了连续的 Hopfield 网络。J. Hopfield 创新性地将能量函数的概念引入到反馈型神经网络中，为反馈型网络运行稳定性的判断提供了依据。

7.5.1 离散 Hopfield 神经网络

Hopfield 最早提出的是二值神经网络，神经元有激活或抑制两种状态，用 1 和 0 表示。即离散 Hopfield 神经网络（Discrete Hopfield Neural Network，DHNN）。

DHNN 是一种单层全反馈网络，其网络结构如图 7-11 所示。假设网络有 n 个神经元，$X = (x_1, x_2, \cdots, x_n)$，网络的初始状态即为其输入值：$X(0) = (x_1(0), x_2(0), \cdots, x_n(0))$，网络在收到外界激发的状态下从初始状态进入动态演变状态，每个神经元在接收来自其他神经元输出的同时，将自身的输出信息传递给其他神经元，但不存在自反馈。其中，每个神经元在时刻 t 的状态按式（7-10）和式（7-11）进行不断变化。

$$u_i(t) = \sum_{j=1}^{n} w_{ij} v_j(t) + \theta_i \qquad (7-10)$$

$$v_i(t+1) = f(u_i(t)) \qquad (7-11)$$

其中，$u_i(t)$ 为净输入；θ_i 为阈值；w_{ij} 为权值矩阵，当网络状态达到稳定时通常该矩阵中对角线为 0 元素，且 $w_{ij} = w_{ji}$；$f(\cdot)$ 为转移函数，多选择阶跃函数。t 时刻时，某神经元的净输入大于阈值时，则该神经元为激活状态，此时输出 1，否则为抑制状态，输出 -1。

离散 Hopfield 网络有异步和同步两种工作方式。异步工作方式：即串行工作方式，是指在任一时刻 t，仅仅有一个神经元 i 发生状态变化，而其余的神经元保持状态不变，每次只输出一个神经元。同步工作方式：即并行工作方式，是指

在任一时刻 t，都有部分或全体神经元同一时刻改变状态，输出全部神经元。

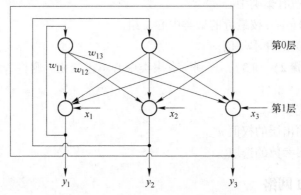

图 7-11 离散 Hopfield 网络的结构

以异步方式为例，离散 Hopfield 网络步骤：

（1）网络初始化。

（2）随机选取一个神经元 j。

（3）计算输入 $x_j(t)$。

（4）计算输出 $x_j(t+1)$，此时网络中的其他神经元的输出不变。

（5）判读网络状态是否达到稳定，如果达到稳定或满足给定的条件，则结束，否则转到第（2）步。

7.5.2　连续型 Hopfield 神经网络

连续 Hopfield 神经网络（Continues Hopfield Neural Network，CHNN）的结构与 DHNN 基本一致，由于其转移函数多选择为连续型函数（如：S 形曲线），因此其输出值为连续且范围为 $[-1, 1]$。由于 CHNN 在时间上具有连续性，因此工作状态为同步工作状态。网络达到稳定时，其权值矩阵为对阵矩阵，能量函数如式（7-12）所示。

$$E = -\frac{1}{2}\sum_{i=1}^{n}\sum_{j=1}^{n}w_{ij}v_iv_j - \sum_{i=1}^{n}b_iv_i + \sum_{i=1}^{n}\frac{1}{\tau}f^{-1}(v)\mathrm{d}v \tag{7-12}$$

7.6　最新的几种深度学习网络

本节将主要介绍 5 种常见和应用较为广泛的人工神经网络，即受限玻尔兹曼机（Restricted Boltzmann Machine，RBM）、卷积神经网络（Convolutional Neural Networks，CNN）、深度信念网络（Deep Belief Nets，DBN）、循环神经网络（Recurrent Neural Network，RNN）和对抗生成网络（Generative Adversarial Networks，GAN）。

7.6.1 受限玻尔兹曼机

受限玻尔兹曼机是玻尔兹曼机的一种变形结构，二者最大区别是输入层和隐藏层的连接方式不同，玻尔兹曼机是全连接的，如图 7-12 所示。而受限玻尔兹曼机是相互独立的。受限玻尔兹曼机是由 Hinton 和 Sejnowski 等人于 1986 年提出的，是一种基于能量模型的神经网络，是一种生成式随机神经网络。RBM 结构是由包含一个由随机的隐含节点构成的隐藏层和一个由随机的可见节点构成的可见层。是一个层内无连接，层间全连接的二分图，如图 7-13 所示。

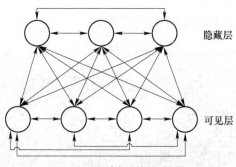

图 7-12　玻尔兹曼机结构

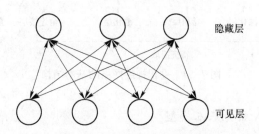

图 7-13　受限玻尔兹曼机结构

可见层和隐藏层节点有两种状态：激活状态时，取值为 1，非被激活状态时，取值为 0。当隐藏层单元的数目足够多的情况下，RBM 能拟合任意离散分布。

Hinton 在 2002 年提出了 RBM 快速学习算法——对比散度（Contrastive Divergence，CD）算法。在应用方面，RBM 已经成功被用来解决不同的机器学习问题，如分类、回归、降维、图像特征提取和协同过滤等方面。

7.6.2 卷积神经网络

7.6.2.1 卷积神经网络结构

卷积网络的结构是由输入层、卷积层和池化层及全连接层三部分组成。

输入层：对原始数据进行预处理后，作为输入的数据。

卷积层：卷积层的操作是受局部感受野的启发。感受野指的是每个动物的神经元只能处理小块区域的视觉图像。卷积层的卷积核与感受野类似。卷积层作用是进行特征提取。

池化层：池化也称为子采样。常见的池化层形式有均值池化和最大池化两种。池化可以看作一种特殊的卷积过程。卷积和池化简化了模型复杂度，减少了模型的参数。池化层主要是为了降低数据维度。

全连接层：卷积层和池化层的任务是特征提取，并减少原始图像产生的参数，全连接层实现分类。

卷积神经网络的基本结构如图 7-14 所示。

C1:6@28×28　S1:6@14×14　C2:16@10×10　S2:16@5×5　C5:120@1×1　F6:84@1×1　输出:10@1×1

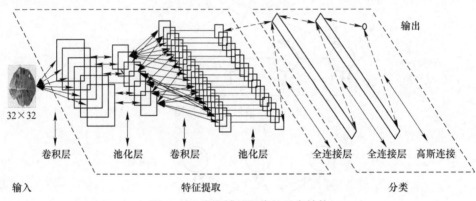

图 7-14　卷积神经网络的基本结构

7.6.2.2　CNN 常见基本模型

CNN 常见基本模型有 LeNet5、VGGNet、AlexNet、ResNet 和 InceptionNet 等，简要介绍如下。

LeNet5 是最早的卷积神经网络之一，1998 年由 Yann LeCun 等人提出。LeNet5 神经网络的结构：

（1）输入灰度图像大小为 32 * 32 * 1。

（2）进行卷积操作，卷积核为 5 * 5 * 1，个数为 6，步长为 1。

（3）进行池化操作，池化大小为 2 * 2，池化步长为 2。

（4）继续进行卷积操作，卷积核大小为 5 * 5 * 6，个数为 16，步长为 1。

（5）再进行池化操作，池化大小为 2 * 2，步长为 2。

（6）全连接层计算。

（7）输出分类结果。

VGGNet 是牛津大学和 Google DeepMind 公司共同研发的卷积神经网络。VG-GNet 构建了 16~19 层的卷积神经网络。很多卷积神经网络都是以该网络为基础建立的。

AlexNet 是 2012 年 ImageNet 竞赛冠军 Hinton 和 Alex Krizhevsky 设计的。首次在 CNN 中成功应用了 ReLU、Dropout，使用了 GPU 加速运算。

ResNet(Residual Neural Network) 是微软研究院的何凯明等人于 2015 年提出的，训练了 152 层的卷积神经网络。其引进了残差学习，解决了深层神经网络中梯度消失的问题。

Inception Net 是 GoogLeNet 提出的，增加了网络深度和宽度，提高卷积神经网络性能。

Inception Net 有：Inception v1、Inception v2、Inception v3、Inception v4 与 Inception-ResNet 几个版本。

7.6.2.3 CNN 常用框架

Caffe 是开源的深度学习框架，具有良好的 CNN 建模能力。支持 C++、python 和 matlab 编程语言。Caffe 对循环网络支持不强。

TensorFlow 是 Google 开源的深度学习框架。可以在 CPU、GPU 和移动设备上运行。特点是具有灵活性和可移植性，支持 Python 和 C++编程语言。

Torch 是 Facebook 用的卷积神经网络工具包，使用非常直观，定义新网络层简单。

7.6.3 深度信念网络

2006 年 GeoffreyHinton 等人提出了深度信念网络，并给出了相应的高效学习算法。深度信念网络的训练步骤主要分为：预训练和微调。

预训练：对每层 RBM 分别进行无监督训练，用原始输入数据训练最底部 RBM，从底部 RBM 抽取的特征作为顶部 RBM 的输入，重复此过程。

微调：DBN 的最后一层是 BP 神经网络，将 RBM 输出的特征向量作为 BP 神经网络的输入特征向量。而且每一层 RBM 网络只能确保自身层内的权值对该层特征向量映射达到最优，反向传播网络将错误信息自顶向下传播至每层的 RBM，微调整个 DBN 网络。

RBM 神经网络可以看作对深层 BP 神经网络权值参数的初始化，最顶层的 BP 神经网络可以根据实际情况换成其他分类器。深度信念网络较好地解决了模型训练速度慢的问题。

7.6.4 循环神经网络

循环神经网络主要适用于处理时间序列数据。其优点是神经元在某时刻的输出可以作为输入再次输入到神经元，适用于时间序列数据的处理和分析。样本的时间序列在语音识别和自然语言的理解等许多实际应用中是必不可少的。传统的神经网络和卷积神经网路的输入没有上下文联系。目前，循环神经网络在自动驾驶、作曲作文、图像标题自动生成、视频标记、机器翻译和语音识别等领域取得了较好的应用。

循环神经网络由输入层、输出层和隐藏层组成。每层有时间反馈循环。循环神经网络结构如图 7-15 所示。

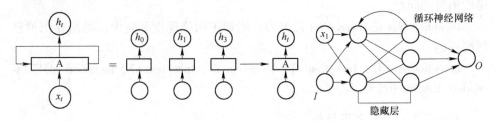

图 7-15 循环神经网络结构

其中：在时刻 t，x_t 是数据的输入，h_t 是数据的输出。循环神经网络按照时间展开，信息是根据时间先后顺序进行传递和积累。$h_t = f(h_{t-1}, x_t) = f(w_{hh}h_{t-1}, w_{xh}x_t)$，当前时间的状态是前一个时间状态和当前时间的输入函数。例如：当前的输入如果是"我是大学"，则通过网络会产生下一个单词的输出的最大概率，"生"出现的概率最大。循环神经网络也存在"梯度消失"现象，网络出现不稳定。Hochreiter 和 Schmidububer 提出的长短时记忆循环网络是在循环神经网络的基础上建立的，目的是为了解决长时序数据建模存在依赖性记忆下降的问题，解决了梯度消失的问题。

7.6.5 生成对抗网络

生成对抗网络就是利用计算机根据已有的样本生成相似的新样本。生成对抗网络是通过生成模型网络和判别模型网络的互相博弈学习产生相当好的输出。生成模型获取样本数据的分布，用服从分布的噪声生成类似真实训练数据的样本，其与真实样的相似度越大越好；判别模型则是一个二分类器，估计样本来自于训练数据（而非生成数据）的概率，如果样本来自真实的训练数据，判别模型输出大概率，否则输出小概率。原始的生成对抗网络理论并不要求生成模型和判别模型都是神经网络，只需要是能拟合相应生成和判别的函数即可。但实用中一般均使用深度神经网络作为成模型网络和判别模型网络。高效的生成对抗网络应用需要有良好的训练方法，否则可能由于神经网络模型的自由性而导致输出不理想。目前，生成对抗网络主要用于生成图像。

8 机器学习与模式识别应用——以农业为例

8.1 简介

视觉是人类认知世界的重要来源。根据美国心理学家赤瑞特拉的生物实验表明：人类感知世界信息的 80% 以上来自视觉，10% 左右来自听觉，其余来自嗅觉、味觉及触觉。

计算机视觉（Computer Vision，CV）诞生至今已有 40 多年，其理论基础是 20 世纪 70 年代由英国教授 Marr 等人提出的——Marr 视觉计算理论框架。1982 年 Marr 的《视觉》一书出版，标志着计算机视觉成为了一门学科。Marr 将视觉系统的研究分为计算机理论、表达与算法和硬件实现 3 个层面。计算机理论回答系统各个部分的计算目的与计算策略；表达与算法实现计算理论所规定的目标的算法；硬件实现则是算法在硬件上的实现。

计算机视觉的研究内容大体分为：物体视觉（Object Vision）和空间视觉（Spatial Vision）。物体视觉是对物体进行分类和识别，而空间视觉是确定物体的位置和形状。

随着深度学习的不断深入发展，计算机视觉已经成为人工智能领域最热门研究方向之一，同时也蕴含着巨大的商机。我国的计算机视觉广泛应用于人脸识别、金融、无人驾驶和无人安防、交通、农业、虚拟现实（Virtual Reality，VR）和增强虚拟现实（Augmented Reality，AR）、图像三维重建、医学影像分析和电子商务等诸多领域。

8.2 计算机视觉

8.2.1 定义

计算机视觉是涉及模式识别、数字信号处理、机器学习和图像处理的一门综合性交叉学科。人类视觉系统是功能强大和完善的视觉系统，计算机视觉则是从图像或视频中感知获取信息，利用计算机和机器学习等技术模拟人的视觉系统的过程。

计算机视觉与人类视觉相比，具有：不会受到幻觉干扰和可以长时间稳定地执行同一个任务等优点。

图像处理、图像分析和计算机视觉三者的关系可以理解为：图像处理是底层视觉；图像分析是中层视觉；计算机视觉是高层视觉。

8.2.2　计算机视觉研究的主要内容

计算机视觉研究的内容主要有：目标的检测和识别、运动目标的跟踪、图像分割、图像三维重建和视觉问答等。

目标的检测和识别：目标的检测和识别是计算机视觉中基础且重要的研究方向。目标的检测和识别是输入一幅图像或一段视频，利用模式识别和机器学习的算法自动检测出图像或视频中的目标，将其所属类别及位置标注出来，并进行相应的识别。例如：人脸检测和识别、行人检测及识别车辆检测和识别等。目前，基于深度学习的目标的检测和识别成为热点之一。常用的深度学习检测算法有：Faster RCNN、SSD 和 R-FCN 等。

运动目标跟踪：运动目标跟踪是视频监控系统中的重要环节。运动目标的跟踪是指：给定某段视频，在首帧给定被跟踪物体的位置和大小，利用跟踪算法在后续的视频中寻找到被跟踪物体的位置。并且要适应光照变换，运动模糊和遮挡等。通常，将目标跟踪分为特征提取和目标跟踪算法两部分。目前，深度学习在运动目标的跟踪也取得了一定研究和应用。

图像分割（Image Segmentation）：图像分割是把图像分成若干个特定的、具有独特性质的区域并提出感兴趣目标的技术和过程。图像分割的目的是语义推断、辅助驾驶和工业应用等。利用全卷积神经网络进行图像分割。

图像三维重建（3D Reconstruction）：三维重建是指通过对二维图像的变换，重建场景，产生具有真实感的三维图形的过程。三维重建技术在考古等领域取得了广泛的应用。

视觉问答（Visual Question Answering）：视觉问答是目前热门的研究方向，其研究内容涉及计算机视觉和自然语言处理。视觉问答是根据输入图像，由用户提问，算法根据提问内容进行回答，还可以利用标题生成算法自动生成描述该图像的文本，是多模态或跨模态问题。

机器学习和人工智能的飞速发展，使得其研究热点不断，未来的研究热点可能有：多模态研究、数据生成和无监督学习。

多模态研究：目前的机器学习和人工智能的应用研究还处于单模态，例如：如单一物体检测和识别等，而现实世界就是由多模态数据构成的，语音、图像和文字等。多模态的研究方向成为未来的发展趋势。例如：语音和图像相结合等。

数据生成：数据的人工标注需要专业的标注人员，而且存在多人标注下的缺乏统一的规则和标准，有时会直接影响模型效果。而利用深度模型自动生成数据已经成为一个新的研究热点方向。

无监督学习：如何将机器学习从有监督学习转变向无监督学习是富有挑战性的研究方向。LeCun 曾指出，如果将人工智能比喻为蛋糕，有监督学习是蛋糕上的糖霜，而增强学习则是蛋糕上的樱桃，无监督学习是真正蛋糕的本体。

计算机视觉的研究离不开大数据，ImageNet 是斯坦福大学计算机视觉实验室的李飞飞等人构建的数据集。训练集包含 128 万张图像，测试集包含 10 万张图像，涉及的物体的种类 1000 类。

8.2.3 机器视觉系统

机器视觉系统主要包括：图像的采集、图像的处理和分析，以及输出和显示三部分。主要设备和工具有光源、镜头、相机、摄像机、图像采集卡以及视觉处理软件。

光源作为机器视觉系统输入的部件，直接影响到数据采集的质量和视觉的效果。常见的光源有 LED 环形光源、线型光源、低角度光源、背光源、点光源和平行光源等。摄像镜头具有把光转换为摄像机内部成像的功能。镜头性能的参数主要有工作距离、视场、景深和分辨率等。工作距离指的是镜头的前部到被测物体的距离。视场表示摄像头能观察到的最大的范围。景深指的是物体在摄像机照射到清晰图像的情况下能移动的前后距离范围。摄像机是一种将光信号转变为电信号的装置。摄像机的种类有：网络摄像机、红外摄像机、热成像摄像机和工业摄像机等。图像采集卡的功能则是把摄像机采集到的数据通过图像采集卡存储到计算机。视觉处理软件是机器视觉系统的关键部件，可以根据具体应用需求，对系统提供的软件包二次开发。

8.2.4 计算机视觉的开源库和编程工具

计算机视觉开源库（Open Source Computer Vision Library，OpenCV）是包括了计算机视觉、模式识别和图像处理等许多基本算法的开源函数库。运行环境：支持 Windows 和 Linux 等操作系统。有 C++、C、Python 和 java 的开发语言的接口。

计算机视觉的编程语言有 Matlab 语言，C/C++与 Python 语言。

Matlab（Matrix Laboratory）是集计算、可视化和编程等功能为一体的高效的科学及工程计算语言。除含有高性能的计算和可视化功能外，软件中含有多种实用的工具箱，如图像处理工具和信号处理工具箱。

C/C++ 与 Python 语言：C/C++与 Python 都适用于机器视觉算法编程。OpenCV 基于 C++编写，但提供了 Python 和 Matlab 等多种语言接口。

8.3 模式识别与机器学习在农业中应用研究

近年来，随着物联网、云计算、大数据和人工智能等新一代信息技术的发展，计算机视觉越来越多的应用于现代农业，在农业领域具有潜在的巨大市场需求。下面介绍模式识别与机器学习技术在农业中的应用。

（1）花卉识别：花卉分类是植物分类学的重要组成部分，利用机器学习技术进行花卉自动种类识别是一项有意义的工作。形色是一款智能识别花卉、分享附近花卉的 APP 应用。用户可在短时间内就能识别植物，也可以花卉专家帮忙鉴定和识别花卉。

（2）水果自动分选和分级：水果分选和分级涉及果实直径大小、颜色、形状等外部特征和果实成熟度、糖酸度、褐变和霉变等内部特征。如人工识别费时、费力而且成本高。利用计算机视觉和人工智能技术设计和实现简单实用、成本低，可以自动按水果大小分选设备，实现快速无损检测技术智能分选。智能分选是通过电子称重、图像识别等现代化技术，实现水果的自动分选。随着人工智能的飞速发展，水果分选技术也在不断提高。

（3）机器视觉在茶叶嫩芽检测、识别和机械自动采摘中的应用：中国是世界上茶叶种植、消费和出口最大的国家。目前，我国茶叶采摘和用工的矛盾突出，利用模式识别和机器学习的技术，实现茶叶采摘机械化势在必行，不仅可以降低成本，而且能够提高采茶叶质量和生产效率。茶叶嫩芽的检测和识别方法可以保证叶片的完整性，实现采摘过程的自动化。由于环境的复杂性，机器视觉的识别效率仍需要进一步提高。

（4）农作物生长监测预警：农作物生长发育进程和产量形成受肥料影响很大，基于机器视觉的作物生长监测与诊断技术是近地面遥感监测的方法之一，其优质清晰的数字图像既能方便地对作物生长发育的季节性变化进行评估，也能实时高效、快速准确、自动无损地提供作物长势信息和营养状态诊断，在信息化精准农业生产中扮演着极其重要的角色，从而提高农作物产量与品质。

（5）农作物病害和害虫的分类识别：农业病虫害的发生是制约农作物优质高产的重要因素。利用计算机视觉识别病虫害的发生，对辅助病虫害防治、精准施肥的智能农业装备是必不可少的。目前，农作物病害和害虫分类识别的研究还主要集中在病害识别上。随着研究的不断深入，基于深度学习的害虫识别受到了学者的关注。

（6）肉的品质评价：实际应用中可以利用计算机视觉技术进行肉类的无损检测。肉的色泽是指肉的颜色和光泽，是肉质的重要外观条件。如牛肉大理石花纹是评价牛肉品质的重要参考指标，可以提取牛肉大理石花纹的纹理特征，利用计算机视觉和机器学习等技术实现牛肉品质自动分级，节省人力、物力和财力。

8.4　Python 的安装和搭建

在 Windows 系统中安装 Anaconda 方法为：在 Anaconda 的官网 https：//

www. anaconda. com/中下载安装包，目前有两个版本，分别是 Python 3 version 和 Python 2 version，在选择版本之后，根据自己的系统 "64-Bit Graphical Installer" 和 "32-Bit Graphical Installer" 进行下载。

下载完成后，开始安装程序，安装步骤如下。

（1）在第一个界面，选择 Next。

（2）阅读许可证协议条款，然后单击 I Agree。

（3）到达第三个安装界面要注意，如果你不是管理员为所有的用户安装，则选择 Just Me 并单击 Next。

（4）选择 Anaconda 的安装目录，然后点击 Next。

（5）在 Advanced Installation Options 安装界面中，不可以选择 Add Anaconda to my Path environment，否则可能会影响其他程序的使用。如果不打算使用多个版本的话，建议选择 "Register Anaconda as default Python 3.5"。

（6）在下一步中，可以在 Show Details 中查看安装细节。

（7）在最后一步中，当出现 "Thanks for installing Anaconda3" 说明安装成功，可以根据你的兴趣来决定是否选择 "Learn more about Anaconda" 和 "Learn more about Anaconda Support" 并单击 Finish。

安装完成后，可以检查一下安装是否成功。

方法一：任务栏的开始，找到所有程序中的 Anaconda3（64-bit），若 Anaconda Navigator 可以打开，则安装成功。

方法二：可以右键单击 Anaconda Prompt，以管理员身份运行，在运行界面中输入 conda list，得到安装的信息，则说明安装正确，如图 8-1 所示。

```
C:\Users\Administrator>conda list
# packages in environment at C:\Anaconda3:
#
alabaster              0.7.7                   py35_0
anaconda               4.0.0           np110py35_0
anaconda-client        1.4.0                   py35_0
anaconda-navigator     1.1.0                   py35_0
argcomplete            1.0.0                   py35_1
astropy                1.1.2           np110py35_0
babel                  2.2.0                   py35_0
beautifulsoup4         4.4.1                   py35_0
bitarray               0.8.1                   py35_1
blaze                  0.9.1                   py35_0
bokeh                  0.11.1                  py35_0
boto                   2.39.0                  py35_0
bottleneck             1.0.0           np110py35_0
bzip2                  1.0.6                   vc14_2    [vc14]
cffi                   1.5.2                   py35_0
chest                  0.2.3                   py35_0
cloudpickle            0.1.1                   py35_0
clyent                 1.2.1                   py35_0
```

图 8-1　安装成功截图

Python 编码测试：在 Anaconda 中有一款 Python 的编辑器 Spyder，可以用这个编辑器来编辑代码。我的编辑器目录在 C：/Anaconda3/Scripts/spyder.exe 下，双击即可运行。

为了方便使用，可以设置桌面的快捷方式。可以通过程序的测试来验证是否安装成功，写一个简单的小程序，运行结果正确，说明安装成功。如图 8-2 所示。

```
In [1]: import copy
   ...: spam = ['A','B','C','D']
   ...: cheese =copy.copy(spam)
   ...: cheese[1] = 42
   ...: spam
   ...:
Out[1]: ['A', 'B', 'C', 'D']
```

图 8-2　安装成功测试图

下面结合作者的科研工作，介绍如何利用卷积神经网络实现树木分类识别，如何利用生成式对抗网络生成小麦叶部病害图像。

8.5　基于深度学习的泰山树木分类识别

泰山日照充足，雨量丰沛，气候条件优越，形成了树木种类繁多的茂密植被。为了让游客更加方便地了解每种树木，体验泰山文化，本节利用 CNN 高效的图像识别能力和 Android 手机方便易携带的特点，开发了一款基于 CNN 的泰山树木识别 APP。该 APP 能够准确地识别出泰山常见的几种树木，并给出相关简介，方便游客使用。

8.5.1　系统开发环境

系统采用 Android Studio3.1.3＋TensorFlow1.5 编写完成。Android Studio 是 Google 推出的一款 Android 集成开发工具，提供了集成的 Android 开发工具用于开发和调试。TensorFlow 是广泛使用的实现机器学习及其他涉及大量数学运算的算法库之一，由 Google 开发，不仅具有高效、可扩展的特点，还能在不同设备上运行。CNN 训练环境为 Windows7，使用 CUDA9.0 和 GTX1080Ti 显卡加速计算。

8.5.2　树木图像采集

在泰山天外村和中天门等地实地采集图像数据，选择具有代表性的 6 类树木：松树、槐树、柏树、梧桐、银杏和玉兰。图像格式为 JPG，尺寸为 3024 4023，共计 5000 余张。部分采集图像如图 8-3 所示。

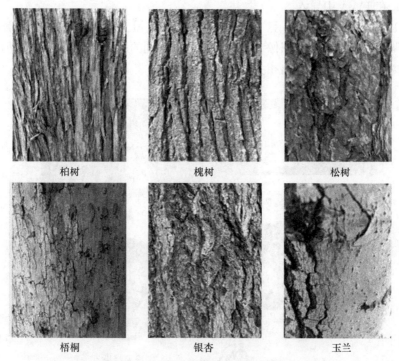

| 柏树 | 槐树 | 松树 |
| 梧桐 | 银杏 | 玉兰 |

图 8-3 部分采集泰山树木图像

8.5.3 系统设计

　　CNN 是一种常用的深度学习网络模型，被广泛应用于图像识别领域。但是传统的 CNN 结构复杂，网络参数多，而 Android 手机计算能力相对较弱，因此选择占用存储空间较少的 Inception v3 模型，模型结构如图 8-4 所示。

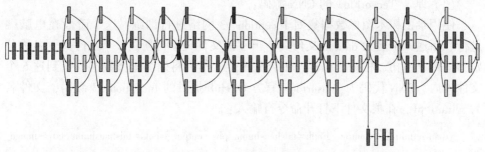

图 8-4 Inception v3 模型

　　首先使用图像数据集对 Inception v3 进行训练，这个阶段在电脑端进行。训练完成后生成对应的 PB 模型文件。生成的 PB 模型文件很大，因此需要进行压缩优化。将优化后的 PB 模型文件迁移到 Android 手机端。TensorFlow 框架以 JAR

包的形式在 JAVA 中导入。

APP 界面如图 8-5 所示。APP 下方有两个按钮，功能分别为从相册中读取图像和调用手机相机拍摄图像。选择需要进行识别的图像后，APP 会自动识别出图像中树木的种类，并给出相关简介。

图 8-5 APP 界面

8.5.4 源码实现

源码分为两部分，分别为基于 TensorFlow 的 CNN 源码和基于 JAVA 的 Android 源码。

（1）基于 TensorFlow 的 CNN 源码：

使用泰山树木图像数据集对 Inception v3 网络进行训练，这个阶段在电脑端进行。新建一个名为 data 的文件夹，再在该文件夹下再新建 6 个文件夹，名称分别为松树、槐树、柏树、梧桐、银杏和玉兰，然后将训练图像数据放置到这 6 个文件夹内。CNN 代码为 TensorFlow 官方 GitHub 提供的 Inception v3 源码，文件名为 retrain. py，在根文件下打开命令行输入：

python retrain. py--output_graph＝taishanshumu. pb--output_labels＝taishanshumu. txt--image_dir＝data

retrain. py 部分源码如下：

decoded_image＝tf. image. decode_jpeg(jpeg_data, channels＝MODEL_INPUT_DEPTH)

decoded_image_as_float＝tf. cast(decoded_image, dtype＝tf. float32)

decoded_image_4d＝tf. expand_dims(decoded_image_as_float, 0)

```
        margin_scale = 1. 0+( random_crop/100. 0)
        resize_scale = 1. 0+( random_scale/100. 0)
        margin_scale_value = tf. constant( margin_scale)
        resize_scale_value = tf. random_uniform( tensor_shape. scalar( ) ,
minval = 1. 0,
maxval = resize_scale)
        scale_value = tf. multiply( margin_scale_value, resize_scale_value)
        precrop_width = tf. multiply( scale_value, MODEL_INPUT_WIDTH)
        precrop_height = tf. multiply( scale_value, MODEL_INPUT_HEIGHT)
        precrop_shape = tf. stack( [ precrop_height, precrop_width ] )
        precrop_shape_as_int = tf. cast( precrop_shape, dtype = tf. int32)
        precropped_image = tf. image. resize_bilinear( decoded_image_4d,
                                            precrop_shape_as_int)
        precropped_image_3d = tf. squeeze( precropped_image, squeeze_dims = [ 0 ] )
        cropped_image = tf. random_crop( precropped_image_3d,
                        [ MODEL_INPUT_HEIGHT, MODEL_INPUT_WIDTH,
                        MODEL_INPUT_DEPTH ] )
    if flip_left_right:
        flipped_image = tf. image. random_flip_left_right( cropped_image)
    else:
        flipped_image = cropped_image
        brightness_min = 1. 0-( random_brightness/100. 0)
        brightness_max = 1. 0+( random_brightness/100. 0)
        brightness_value = tf. random_uniform( tensor_shape. scalar( ) ,
minval = brightness_min,
maxval = brightness_max)
        brightened_image = tf. multiply( flipped_image, brightness_value)
        distort_result = tf. expand_dims( brightened_image, 0, name =' DistortResult ')
    return jpeg_data, distort_result
```

训练完成后，会生成一个 taishanshumu. pb 文件，一个 taishanshumu. txt 文件。其中 pb 文件包含 CNN 网络各种参数，txt 文件包含每个类别的标签。

（2）基于 JAVA 的 Android 源码（部分源码）：

```
public class TensorFlowImageClassifier implements Classifier {
private static final String TAG = " TensorFlowImageClassifier ";
private static final int MAX_RESULTS = 3;
private static final float THRESHOLD = 0. 1f;
private boolean logStats = false;
private TensorFlowInferenceInterface inferenceInterface;
```

```
private TensorFlowImageClassifier() { }
public static Classifier create(
                AssetManager assetManager,
                String modelFilename,
                String labelFilename,
int inputSize,
int imageMean,
float imageStd,
                String inputName,
                String outputName) {
        TensorFlowImageClassifier c = new TensorFlowImageClassifier();
        c. inputName = inputName;
        c. outputName = outputName;
        String actualFilename = labelFilename. split("file:///android_asset/")[1];
Log. i(TAG,"Reading labels from:"+actualFilename);
        BufferedReader br = null;
try{
br = newBufferedReader(new InputStreamReader(assetManager. open(actualFilename)));
        String line;
while((line = br. readLine())! = null){
c. labels. add(line);
                }
br. close();
        }catch(IOException e){
throw new RuntimeException("Problem reading label file!",e);
        }
        c. inferenceInterface = new TensorFlowInferenceInterface(assetManager,modelFilename);
final Operation operation = c. inferenceInterface. graphOperation(outputName);
final int numClasses = (int)operation. output(0). shape(). size(1);
Log. i(TAG,"Read"+c. labels. size()+"labels,output layer size is"+numClasses);
        c. inputSize = inputSize;
        c. imageMean = imageMean;
        c. imageStd = imageStd;
        c. outputNames = new String[]{outputName};
        c. intValues = new int[inputSize * inputSize];
        c. floatValues = new float[inputSize * inputSize * 3];
        c. outputs = new float[numClasses];
return c;
        }
```

8.6 基于生成式对抗网络的小麦叶部病害图像生成

8.6.1 简介

生成式对抗网络是 Goodfellow 等在 2014 年提出的一种生成式模型。系统由一个生成器和一个判别器组成：生成器捕捉真实数据样本的潜在分布，并生成新的数据样本；判别器是一个二分类器，判别输入是真实数据还是生成的样本。GAN 结构如图 8-6 所示。生成器和判别器均可采用目前研究火热的深度神经网络。

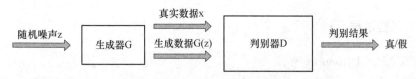

图 8-6　生成式对抗网络

DCGAN 是 GAN 的一种模型改进，其将卷积运算的思想引入到生成式模型当中来做无监督的训练，利用卷积网络强大的特征提取能力来提高生成网络。DCGAN 中生成器和判别器都使用了卷积神经网络，从而有效地提高了生成图像的质量，网络结构如图 8-7 所示。本节中使用 DCGAN 网络生成小麦叶枯病图像。

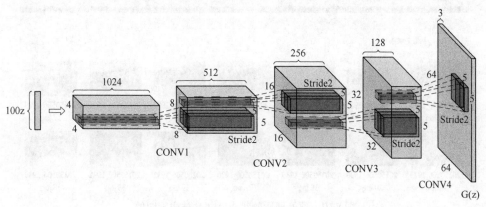

图 8-7　DCGAN 结构

8.6.2 图像数据

实验使用的数据集是在山东农业大学南校区试验田采集的小麦叶枯病图像，使用手机进行拍摄。图像格式为 JPG，共计 50000 余张。部分图像如图 8-8 所示。

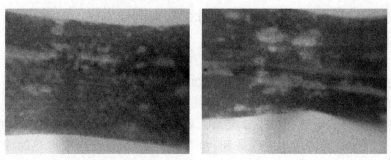

图 8-8　小麦叶部叶枯病图像

8.6.3　实验过程

8.6.3.1　Python 源码

实验所使用的 DCGAN 源码来源 github. com/carpedm20/DCGAN-tensorflow，是基于 TensorFlow 框架实现的。按照要求处理小麦叶部图像数据集，部分预处理后的小麦叶枯病害图像如图 8-9 所示，为了降低计算的复杂程度，本实验中将所有图像压缩为 96×96 大小。在 data 文件夹下创建一个名为 xiaomai 的文件夹，将所有处理后的小麦叶部叶枯图像放入该文件夹下。

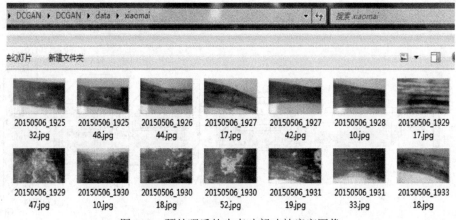

图 8-9　预处理后的小麦叶部叶枯病害图像

在根目录下打开 cmd，输入：

```
python main. py--image_size 96--output_size 48--dataset xiaomai--crop--train--epoch 300
```

该命令表示运行根目录下的 main. py 文件，输入图像大小为 96×96，生成的图像大小为 48×48，输入的图像数据集目录为 data/xiaomai，训练迭代次数为 300次。运行过程如图 8-10 所示。其中 d_loss 是判别器的损失函数值，g_loss 是生成器的损失函数值。

```
管理员：C:\Windows\system32\cmd.exe - python  main.py --image_size 96 --output_size 48...
Epoch: [ 9/300] [   6/  31] time: 85.1510, d_loss: 0.00511288, g_loss: 7.3385167
1
Epoch: [ 9/300] [   7/  31] time: 85.4170, d_loss: 0.00517153, g_loss: 6.6934475
9
Epoch: [ 9/300] [   8/  31] time: 85.6740, d_loss: 0.00328339, g_loss: 6.8290939
3
Epoch: [ 9/300] [   9/  31] time: 85.9350, d_loss: 0.00336241, g_loss: 7.1302676
2
Epoch: [ 9/300] [  10/  31] time: 86.1980, d_loss: 0.01694845, g_loss: 7.0650129
3
Epoch: [ 9/300] [  11/  31] time: 86.4660, d_loss: 0.00478721, g_loss: 6.5649061
2
Epoch: [ 9/300] [  12/  31] time: 86.7300, d_loss: 0.00482242, g_loss: 6.1530075
1
Epoch: [ 9/300] [  13/  31] time: 86.9950, d_loss: 0.00265558, g_loss: 6.7164602
3
Epoch: [ 9/300] [  14/  31] time: 87.2620, d_loss: 0.01670649, g_loss: 5.4492588
0
Epoch: [ 9/300] [  15/  31] time: 87.5280, d_loss: 0.00543517, g_loss: 6.1492710
4
```

图 8-10　程序运行图

核心代码如下：

```
def sampler( self,z,y = None) :
with tf. variable_scope( "generator") as scope:
        scope. reuse_variables()
if not self. y_dim:
        s_h,s_w = self. output_height,self. output_width
        s_h2,s_w2 = conv_out_size_same( s_h,2) ,conv_out_size_same( s_w,2)
        s_h4,s_w4 = conv_out_size_same( s_h2,2) ,conv_out_size_same( s_w2,2)
        s_h8,s_w8 = conv_out_size_same( s_h4,2) ,conv_out_size_same( s_w4,2)
        s_h16,s_w16 = conv_out_size_same( s_h8,2) ,conv_out_size_same( s_w8,2)
        # project 'z' and reshape
        h0 = tf. reshape(
linear( z,self. gf_dim * 8 * s_h16 * s_w16,'g_h0_lin') ,
        [ -1,s_h16,s_w16,self. gf_dim  * 8] )
        h0 = tf. nn. relu( self. g_bn0( h0,train = False) )
        h1 = deconv2d( h0,[ self. batch_size,s_h8,s_w8,self. gf_dim * 4] ,name = 'g_h1')
        h1 = tf. nn. relu( self. g_bn1( h1,train = False) )
        h2 = deconv2d( h1,[ self. batch_size,s_h4,s_w4,self. gf_dim * 2] ,name = 'g_h2')
        h2 = tf. nn. relu( self. g_bn2( h2,train = False) )
        h3 = deconv2d( h2,[ self. batch_size,s_h2,s_w2,self. gf_dim * 1] ,name = 'g_h3')
        h3 = tf. nn. relu( self. g_bn3( h3,train = False) )
        h4 = deconv2d( h3,[ self. batch_size,s_h,s_w,self. c_dim] ,name = 'g_h4')
return tf. nn. tanh( h4)
else:
```

```
        s_h,s_w=self. output_height,self. output_width
        s_h2,s_h4=int(s_h/2),int(s_h/4)
        s_w2,s_w4=int(s_w/2),int(s_w/4)
        # yb=tf. reshape(y,[-1,1,1,self. y_dim])
yb=tf. reshape(y,[self. batch_size,1,1,self. y_dim])
        z=concat([z,y],1)
        h0=tf. nn. relu(self. g_bn0(linear(z,self. gfc_dim,'g_h0_lin'),train=False))
        h0=concat([h0,y],1)
        h1=tf. nn. relu(self. g_bn1(
linear(h0,self. gf_dim * 2 * s_h4 * s_w4,'g_h1_lin'),train=False))
        h1=tf. reshape(h1,[self. batch_size,s_h4,s_w4,self. gf_dim * 2])
        h1=conv_cond_concat(h1,yb)
        h2=tf. nn. relu(self. g_bn2(
deconv2d(h1,[self. batch_size,s_h2,s_w2,self. gf_dim * 2],name='g_h2'),train=False))
        h2=conv_cond_concat(h2,yb)
return tf. nn. sigmoid(deconv2d(h2,[self. batch_size,s_h,s_w,self. c_dim],name='g_h3'))
```

8.6.3.2   实验结果

迭代 300 次后，网络训练停止，最终生成的小麦叶部图像如图 8-11 所示。可以看出 DCGAN 网络生成的小麦叶部图像质量较高，证明了 DCGAN 具有生成高分辨率图像的能力，是一种有效增强图像数据集的方法。

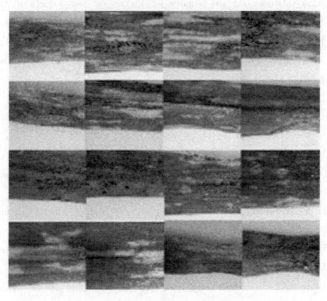

图 8-11   生成的小麦叶部叶枯病图像

9 线性代数

数学是模式识别和机器学习的基础，而线性代数是其他数学课程的基础。线性代数通过将问题转化为矩阵或者向量，从而简化问题的描述。

9.1 标量与向量

9.1.1 定义

向量指的是具有长度和方向的量，也称为矢量、几何向量、欧几里得向量。向量通常用带箭头的线段来表示。箭头所指的方向代表向量的方向，线段的长度称为向量的长度（或模）。与向量对应的是标量，标量是一种只有大小，没有方向的量。

9.1.2 常见的向量

共线向量：如果两个向量能够平行移动到同一直线上，那么称这两个向量是共线的。如平行四边形的两组对边构成的向量，梯形的上下底所构成的向量都是共线的向量。

零向量：如果一个向量的长度为 0，那么称这个向量为零向量，通常记为 **0**。或者说零向量是起点与终点重合的向量。由于零向量代表的方向无法确定，因此，通常约定零向量的方向是任意的。

单位向量：如果一个向量的长度为 1，那么称这个向量为单位向量。单位向量具有确定的方向，根据方向不同，可以得到多个单位向量。一个非零向量除以它的模，可得相同方向的单位向量。如 $\dfrac{a}{|a|}$ 就是单位向量。

负向量：负向量是指长度相同但是方向相反的向量。将一个向量的起点与终点位置互换可得到原向量的负向量，如 $-AB = BA$。

相等向量：长度相等、方向相同的向量称为相等向量。

9.2 向量运算

9.2.1 向量的加法

计算两个向量和的运算，叫作向量的加法运算。如：计算两个向量 a 与 b 的和，作有向线段 **AB** 表示向量 **a**，另作有向线段 **BC** 表示向量 **b**，则有向线段 **AC** 所表示的向量 **c** 就是向量 **a** 与 **b** 的和，记作 **c**=**a**+**b**。这种计算两个向量的和的方法称为三角形法则，此外也可以使用平行四边形法则，计算两个向量的和运算。

向量加法的性质：对于任意的向量三个向量 **a**，**b**，**c**，都有

（1）结合律：**a**+（**b**+**c**）=（**a**+**b**）+**c**；

（2）交换律：**a**+**b**=**b**+**a**；

（3）0+**a**=**a**；

（4）**a**+（−**a**）=0。

9.2.2　向量的减法

计算两个向量差的运算，叫作向量的减法运算。利用负向量，可以将向量的减法运算转化为计算向量的加法运算。如：向量 **a** 减去向量 **b**，可以看成是向量 **a** 与向量 **b** 的负向量的和，即 **a**−**b**=**a**+（−**b**）。

9.2.3　向量的标量乘法

计算实数 k 与向量 **a** 的乘积的运算，叫作向量的标量乘法运算，即 k**a**。向量 k**a** 的长度是向量 **a** 长度的 k 倍，当 k 大于 0 时，k**a** 与 **a** 的方向相同，当 k 小于 0 时，k**a** 与 **a** 的方向相反，当 k 等于 0 时，得到的是零向量。

9.3　线性方程组和行列式

一次方程又称为线性方程，线性方程组是指由若干个一次方程组成的方程组。

设有如下的二元线性方程组：

$$\begin{cases} a_{11}x_1 + a_{12}x_2 = b_1 \\ a_{21}x_1 + a_{22}x_2 = b_2 \end{cases}$$

利用消元法便可以求解该方程组：分别用 a_{22} 乘以第一式，a_{12} 乘以第二式，得到：

$$\begin{cases} a_{22}a_{11}x_1 + a_{22}a_{12}x_2 = a_{22}b_1 \\ a_{12}a_{21}x_1 + a_{12}a_{22}x_2 = a_{12}b_2 \end{cases}$$

两式相减，消去 x_2，可得

$$(a_{11}a_{22} - a_{12}a_{21})x_1 = b_1a_{22} - b_2a_{12}$$

若

$$a_{11}a_{22} - a_{12}a_{21} \neq 0$$

即可得到 x_1 的值,

$$x_1 = \frac{b_1 a_{22} - b_2 a_{12}}{a_{11} a_{22} - a_{12} a_{21}}$$

同理,可得 $x_2 = \dfrac{b_2 a_{11} - b_1 a_{21}}{a_{11} a_{22} - a_{12} a_{21}}$。

只要方程组满足 $a_{11} a_{22} - a_{12} a_{21} \neq 0$,就可以得到它的解:

$$\begin{cases} x_1 = \dfrac{b_1 a_{22} - b_2 a_{12}}{a_{11} a_{22} - a_{12} a_{21}} \\[3mm] x_2 = \dfrac{b_2 a_{11} - b_1 a_{21}}{a_{11} a_{22} - a_{12} a_{21}} \end{cases}$$

为了简化解的表达式,引进 2 阶行列式。将四个数排成如下两行两列的方形表,在两边加上两条竖线,即可得到一个 2 阶行列式:

$$\begin{vmatrix} a_{11} & a_{12} \\ a_{21} & a_{22} \end{vmatrix}$$

2 阶行列式的计算规则为:

$$\begin{vmatrix} a_{11} & a_{12} \\ a_{21} & a_{22} \end{vmatrix} = a_{11} a_{22} - a_{12} a_{21}$$

由计算规则可知,2 阶行列式代表的是具体的数值。上述方程组的解可表示为如下行列式的形式:

$$\begin{cases} x_1 = \dfrac{\begin{vmatrix} b_1 & a_{12} \\ b_2 & a_{22} \end{vmatrix}}{\begin{vmatrix} a_{11} & a_{12} \\ a_{21} & a_{22} \end{vmatrix}} \\[6mm] x_2 = \dfrac{\begin{vmatrix} a_{11} & b_1 \\ a_{21} & b_2 \end{vmatrix}}{\begin{vmatrix} a_{11} & a_{12} \\ a_{21} & a_{22} \end{vmatrix}} \end{cases}$$

类似的可以定义 3 阶行列式:

$$D = \begin{vmatrix} a_{11} & a_{12} & a_{13} \\ a_{21} & a_{22} & a_{23} \\ a_{31} & a_{32} & a_{33} \end{vmatrix}$$

$$= a_{11} a_{22} a_{33} + a_{12} a_{23} a_{31} + a_{13} a_{21} a_{32} - a_{13} a_{22} a_{31} - a_{12} a_{21} a_{33} - a_{11} a_{23} a_{32}$$

对于如下的三元方程组:

$$\begin{cases} a_{11}x_1 + a_{12}x_2 + a_{13}x_3 = b_1 \\ a_{21}x_1 + a_{22}x_2 + a_{23}x_3 = b_2 \\ a_{31}x_1 + a_{32}x_2 + a_{33}x_3 = b_3 \end{cases}$$

依然可以利用消元法进行求解，将得到的解用行列式可表示为：

$$\begin{cases} x_1 = \dfrac{\begin{vmatrix} b_1 & a_{12} & a_{13} \\ b_2 & a_{22} & a_{23} \\ b_3 & a_{32} & a_{33} \end{vmatrix}}{D} \\[30pt] x_2 = \dfrac{\begin{vmatrix} a_{11} & b_1 & a_{13} \\ a_{21} & b_2 & a_{23} \\ a_{31} & b_3 & a_{33} \end{vmatrix}}{D} \\[30pt] x_3 = \dfrac{\begin{vmatrix} a_{11} & a_{12} & b_1 \\ a_{21} & a_{22} & b_2 \\ a_{31} & a_{32} & b_3 \end{vmatrix}}{D} \end{cases}$$

9.4 矩阵

9.4.1 基本概念

由 $m \times n$ 个数组成的 m 行 n 列的矩形表格，称为一个 $m \times n$ 矩阵，通常用大写字母 A，B，C，…来表示，矩形表格中的数，称为矩阵的元素，通常用小写字母 a_{ij} 来表示，其中下标 i，j 均为正整数，表示该元素在矩阵中的行列位置，有时也用 $A(i, j)$ 来表示矩阵 A 第 i 行第 j 列的数值。比如，

$$A = \begin{pmatrix} a_{11} & a_{12} & \cdots & a_{1n} \\ a_{21} & a_{22} & \cdots & a_{2n} \\ \vdots & \vdots & & \vdots \\ a_{m1} & a_{m2} & \cdots & a_{mn} \end{pmatrix}$$ 或 $A = (a_{ij})_{m \times n}$ 均表示 $m \times n$ 矩阵，下标 i，j 表示元素

a_{ij} 位于矩阵的第 i 行第 j 列。

9.4.2 特殊矩阵

行（列）矩阵：只有一行（列）的矩阵。

如：$A = \begin{pmatrix} a_1 \\ a_2 \\ \cdots \\ a_m \end{pmatrix}$ 是一个 $m \times 1$ 的列矩阵，也称为 m 维列向量；

而 $B = (b_1, b_2, \cdots, b_n)$ 一个 $1 \times n$ 的行矩阵，也称为 n 维行向量。

方阵：若矩阵 A 的行数 m 与列数 n 相等，称该矩阵为 n 阶方阵，记作 A_n。对于方阵，从左上角到右下角的连线，称为主对角线，主对角线上的元素称为该矩阵的对角元。

零矩阵：元素全为 0 的矩阵，称为零矩阵。

上（下）三角阵：如果一个 n 阶方阵的主对角线上（下）方的元素都是 0，则称该矩阵为下（上）三角形矩阵，简称下（上）三角阵。例如，$A =$

$$\begin{pmatrix} a_{11} & 0 & \cdots & 0 \\ a_{21} & a_{22} & \cdots & 0 \\ \vdots & \vdots & & \vdots \\ a_{n1} & a_{n2} & \cdots & a_{nn} \end{pmatrix}$$ 是一个 n 阶的下三角阵，而 $B = \begin{pmatrix} b_{11} & b_{12} & \cdots & b_{1m} \\ 0 & b_{22} & \cdots & b_{2m} \\ \vdots & \vdots & & \vdots \\ 0 & 0 & \cdots & b_{mm} \end{pmatrix}$ 是一个 m

阶的上三角阵。

单位矩阵：若一个 n 阶方阵的主对角线上的元素均为 1，而其余元素均为 0，

则称该矩阵为单位矩阵，简称单位阵，记为 E_n，即 $E_n = \begin{pmatrix} 1 & 0 & \cdots & 0 \\ 0 & 1 & \cdots & 0 \\ \vdots & \vdots & & \vdots \\ 0 & 0 & \cdots & 1 \end{pmatrix}_{n \times n}$。

在矩阵的乘法运算中，单位矩阵与数的乘法中 1 的作用类似，根据单位矩阵的特点，任何矩阵与单位矩阵相乘都等于其本身。

数量矩阵：设 E 是单位矩阵，k 是任意常数，则矩阵 $k * E$ 称为数量矩阵。数量矩阵的特点是其对角线上元素全为同一个数值，而其余元素均为零。

对角矩阵：如果一个 n 阶方阵 A_n 的主对角线之外的元素全为 0，即当 $i \neq j$ 时，$A(i, j) = 0$，则称该矩阵为对角矩阵，通常记为 $\text{diag}(a_{11}, a_{22}, \cdots, a_{nn})$。值得一提的是：对角线上的元素可以为 0 或者其他值。

同型矩阵：如果两个矩阵的行数与列数均相相等，则称这两个矩阵是同型矩阵。

相等矩阵：如果两个矩阵 A，B 是同型矩阵，并且其对应位置的元素均相等，则称这两个矩阵为相等矩阵，记作：$A = B$。

逆矩阵：对于 n 阶矩阵 A，如果有一个 n 阶矩阵 B，使 $AB = BA = E$，则说矩阵 A 是可逆的，并把矩阵 B 称为 A 的逆矩阵。当 $|A| = 0$ 时，A 称为奇异矩阵。可逆矩阵一定是非奇异矩阵，因为矩阵可逆的充分必要条件是 $|A|$ 不为 0。

9.4.3　矩阵运算

9.4.3.1　矩阵的加法与减法

（1）运算规则：

设矩阵 $A = \begin{pmatrix} a_{11} & a_{12} & \cdots & a_{1n} \\ a_{21} & a_{22} & \cdots & a_{2n} \\ \vdots & \vdots & & \vdots \\ a_{m1} & a_{m2} & \cdots & a_{mn} \end{pmatrix}$ 与矩阵 $B = \begin{pmatrix} b_{11} & b_{12} & \cdots & b_{1n} \\ b_{21} & b_{22} & \cdots & b_{2n} \\ \vdots & \vdots & & \vdots \\ b_{m1} & b_{m2} & \cdots & b_{mn} \end{pmatrix}$ 是两个同型矩

阵，则 $A \pm B$ 仍然是它们的同型矩阵，且

$$A \pm B = \begin{pmatrix} a_{11} \pm b_{11} & a_{12} \pm b_{12} & \cdots & a_{1n} \pm b_{1n} \\ a_{21} \pm b_{21} & a_{22} \pm b_{22} & \cdots & a_{2n} \pm b_{2n} \\ \vdots & \vdots & & \vdots \\ a_{m1} \pm b_{m1} & a_{m2} \pm b_{m2} & \cdots & a_{mn} \pm b_{mn} \end{pmatrix}$$

简言之，两个矩阵相加减，即它们相同位置对应的元素相加减。

（2）运算性质：

1）交换律：$A + B = B + A$；

2）结合律：$A + (B + C) = (A + B) + C$；

3）存在零元：$A + 0 = 0 + A = A$；

4）存在负元：$A + (-A) = (-A) + A = 0$。

9.4.3.2 矩阵与数的乘法

（1）运算规则

设 λ 是一个数，则 λ 乘以矩阵 A，就是将数 λ 与矩阵 A 中的每一个元素相乘，记为 λA 或 $A\lambda$。

特别地，当 λ 为 -1 时，得到的矩阵 $-A$ 称为原矩阵 A 的负矩阵。

（2）运算性质：

满足结合律和分配律：

1）结合律：$(\lambda\mu)A = \lambda(\mu A)$。

2）分配律：$(\lambda + \mu)A = \lambda A + \mu A$、$\lambda(A + B) = \lambda A + \lambda B$。

9.4.3.3 矩阵与矩阵的乘法

（1）运算规则：

设两个矩阵 $A = (a_{ij})$ $m \times s$，$B = (b_{ij}) s \times n$，则矩阵 A 与矩阵 B 的乘积 $C = AB$ 是一个 $m \times n$ 的矩阵，矩阵 C 的第 i 行、第 j 列的元素 c_{ij} 是由矩阵 A 的第 i 行与矩阵 B 的第 j 列元素对应相乘，再求和得到，即 $c_{ij} = a_{i1}b_{1j} + a_{i2}b_{2j} + \cdots + a_{is}b_{sj} = \sum\limits_{k=1}^{s} a_{ik}b_{kj}$。

并不是所有的矩阵都可以相乘，只有当左矩阵的列数与右矩阵的行数相等时，两个矩阵的乘法才是有意义的，或者说是可行的。因此在矩阵的乘法运算

中，需要注意两个相乘矩阵的顺序，即使 AB 与 BA 均有意义，$AB = BA$ 不一定成立，即矩阵的乘法运算并不满足交换律。特别地，方阵 A 与和它同阶的单位阵相乘，结果仍为 A，即 $AE = EA = A$。两个非零矩阵的乘积也可能是零矩阵，即若 $AB = 0$，无法得到 $A = 0$ 或者 $B = 0$。

（2）运算性质：

1）结合律：$(AB)C = A(BC)$；

2）分配律：$A(B \pm C) = AB \pm AC$（左分配律）；

$$(B \pm C)A = BA \pm CA（右分配律）；$$

3）$(\lambda A)B = \lambda(AB) = A(\lambda B)$。

（3）方阵的幂运算：

定义：设 A 是一个方阵，k 是任意的正整数，则规定

$A^0 = E$，$A^k = \underbrace{A \cdot A \cdots A}_{k}$，即 A^k 表示 k 个 A 的连乘积。

9.4.3.4　矩阵的转置

（1）定义：

设 $A = \begin{pmatrix} a_{11} & a_{12} & \cdots & a_{1n} \\ a_{21} & a_{22} & \cdots & a_{2n} \\ \vdots & \vdots & & \vdots \\ a_{m1} & a_{m2} & \cdots & a_{mn} \end{pmatrix}$ 为 $m \times n$ 的矩阵，则规定 A 的转置矩阵为一个 $n \times m$

矩阵，并用 A^T 表示 A 的转置，即：$A^T = \begin{pmatrix} a_{11} & a_{21} & \cdots & a_{m1} \\ a_{12} & a_{22} & \cdots & a_{m2} \\ \vdots & \vdots & & \vdots \\ a_{1n} & a_{2n} & \cdots & a_{mn} \end{pmatrix}$。简单来说，转置矩

阵是将原矩阵的行列对调得到的矩阵。

（2）运算性质：

1）$(A^T)^T = A$；

2）$(A + B)^T = A^T + B^T$；

3）$(AB)^T = B^T A^T$；

4）$(\lambda A)^T = \lambda A^T$，$\lambda$ 为常数。

9.4.3.5　方阵的行列式

将方阵 A 的各元素位置保持不变，所构成的行列式，称为方阵 A 的行列式，记作 $|A|$ 或 $\det A$。

方阵的行列式具有如下的运算性质：

(1) $|A^T|=|A|$（行列式的性质）；

(2) $|AB|=|A|\cdot|B|$，特别地：$|A^k|=\underbrace{|A||A|\cdots|A|}_{k}=|A|^k$；

(3) $|\lambda A|=\lambda^n|A|$（λ 是常数，n 为矩阵 A 的阶数）。

9.4.4　初等变换

矩阵的初等变换分为两类：初等行变换和初等列变换。矩阵的初等变换对于矩阵的计算有很大的帮助。

对矩阵的行进行下列三种类型的变换：

(1) 交换矩阵的两个行（交换 i，j 两行，记作 $r_i \leftrightarrow r_j$）；

(2) 用一个非零的数乘以矩阵的某一行（第 i 行乘以数 k，记作 $r_i \times k$）；

(3) 将矩阵的某一行乘以一个数后加到另一行（第 j 行乘以数 k 加到第 i 行，记为 $r_i + kr_j$）。

称为矩阵的初等行变换。类似地，对矩阵的列进行相同类型的变换，可得到矩阵的初等列变换。

(1) 交换矩阵的两个列（交换 i，j 两列，记作 $c_i \leftrightarrow c_j$）；

(2) 用一个非零的数乘以矩阵的某一列（第 i 列乘以数 k，记作 $c_i \times k$）；

(3) 将矩阵的某一列乘以一个数后加到另一列（第 j 列乘以数 k 加到第 i 列，记为 $c_i + kc_j$）。

如果矩阵 A 经过有限次的初等变换可以变成矩阵 B，那么就称矩阵 A 与矩阵 B 是等价的，记作 $A \sim B$。

9.4.5　矩阵的秩

9.4.5.1　k 阶子式

对于一个 $m \times n$ 的矩阵 A，任取其 k 行 k 列交叉位置的元素，并且按照原来的相对位置构成一个 $k(1 \leqslant k \leqslant \min\{m,n\})$ 阶的行列式，这个行列式称为矩阵 A 的一个 k 阶子式。如，矩阵 $A = \begin{pmatrix} 1 & 2 & 3 & -1 \\ 4 & 6 & 5 & -4 \\ 1 & 0 & -1 & -1 \end{pmatrix}$ 是一个 4×3 的矩阵，则其 2 阶子式共有 $C_4^2 C_3^2 = 18$ 个，3 阶子式共有 $C_4^3 C_3^3 = 4$ 个。

9.4.5.2　矩阵的秩

假设矩阵 $A = (a_{ij})_{m \times n}$ 的 $r+1$ 阶子式（如果存在的话）全为 0，至少有一个 r 阶子式不为 0，则称 r 为矩阵 A 的秩，记为 $R(A)$。

通常，规定零矩阵的秩为 0。秩为 n 的 n 阶方阵称为满秩矩阵。

关于矩阵的秩的一些重要结论：

假设 A 是一个 $m \times n$ 的矩阵，B 是 $n \times t$ 的矩阵，则有如下性质：

性质 1　　$R(A) \leqslant m$，$R(A) \leqslant n$，$0 \leqslant R(A) \leqslant \min\{m, n\}$；

性质 2　　如果 $AB = 0$，则 $R(A) + R(B) \leqslant n$；

性质 3　　$R(A \pm B) \leqslant R(A) + R(B)$；

性质 4　　$R(AB) \leqslant R(A)$，$R(AB) \leqslant R(B)$，即 $R(AB) \leqslant \min\{R(A), R(B)\}$；

性质 5　　若 $m = n$，即 A 为 n 阶方阵，则方阵 A 可逆的充要条件是 $R(A) = n$。

9.4.5.3　矩阵秩的求法

方法 1：子式判别法（定义）

例　设 $B = \begin{pmatrix} 1 & 2 & 3 & 4 \\ 0 & 2 & 7 & 0 \\ 0 & 0 & 0 & 0 \end{pmatrix}$ 为阶梯形矩阵，求 $R(B)$。

解：由于矩阵 B 的一个 2 阶子式 $\begin{vmatrix} 1 & 2 \\ 0 & 2 \end{vmatrix} \neq 0$，而其所有 3 阶子式全为 0，故 $R(B) = 2$。

方法 2：用初等变换法求矩阵的秩

由于矩阵的初等变换并不改变矩阵的秩，故可利用初等行变换将矩阵 A 转化为阶梯形矩阵 B，而阶梯形矩阵 B 的秩即为其非零行的行数。

9.4.6　矩阵与向量的关系

矩阵是由 $m \times n$ 个数组成的一个 m 行 n 列的矩形表格。特别地，一个 $m \times 1$ 矩阵也称为一个 m 维列向量；而一个 $1 \times n$ 矩阵，也称为一个 n 维行向量。从上述定义可以看出：向量可以用矩阵来表示，且某些特殊的矩阵（行矩阵或者列矩阵）就是向量。也可以简单理解为矩阵包含着向量，例如对于一个 $m \times n$ 的矩阵，可以看成是 n 个列向量构成的向量组，也可以看成是 m 个行向量所构成的向量组。

矩阵（向量）的加法运算与标量乘法运算统称为矩阵（向量）的线性运算，并且其线性运算均满足交换律和结合律。

两个矩阵的等价与两个向量等价之间没有必然的联系。两个矩阵等价只要求这两个矩阵经过有限次的初等变换后的秩相等即可，而两个向量的等价却需要这两个向量可以互相表示。相比较而言，向量等价的证明更加复杂。既然二者之间没有必然的联系，那么证明向量的等价或者矩阵的等价均需要按照各自的等价的定义来证明。

就实际应用而言，矩阵的应用比向量更广泛。对于交通流量的统计，图像的处理等复杂的问题，矩阵都能起到很好的作用，而向量通常是在矩阵具体应用的过程中发挥一定的作用，可以理解为是矩阵的一种特殊的应用。

9.5 特征值和特征向量

9.5.1 定义

假设 A 为 n 阶矩阵，λ 是任意的实数，如果存在非零的 n 维行向量 $\boldsymbol{\alpha}$，使得 $A\boldsymbol{\alpha}=\lambda\boldsymbol{\alpha}$，则称 λ 是矩阵 A 的一个特征值，向量 $\boldsymbol{\alpha}$ 为矩阵 A 对应于特征值 λ 的特征向量。

若已知 A 是 n 阶方阵，λ_0 是 A 的一个特征值，$\boldsymbol{\alpha}$ 是 A 的对应于特征值 λ_0 的特征向量，则有 $A\boldsymbol{\alpha}=\lambda_0\boldsymbol{\alpha}\Rightarrow\lambda_0\boldsymbol{\alpha}-A\boldsymbol{\alpha}=0\Rightarrow(\lambda_0E-A)\boldsymbol{\alpha}=0(\boldsymbol{\alpha}\neq0)$。由于 $\boldsymbol{\alpha}$ 是非零向量，因此，$\boldsymbol{\alpha}$ 可以看成是齐次线性方程组 $(\lambda_0E-A)X=0$ 的非零解，而齐次线性方程组有非零解的充要条件是其系数矩阵 λ_0E-A 对应的行列式为零，即

$$|\lambda_0E-A|=\begin{vmatrix} \lambda_0-a_{11} & -a_{12} & \cdots & -a_{1n} \\ -a_{21} & \lambda_0-a_{22} & \cdots & -a_{2n} \\ \vdots & \vdots & & \vdots \\ -a_{n1} & -a_{2n} & \cdots & \lambda_0-a_{nn} \end{vmatrix}=0，那么属于 \lambda_0 的特征向量就$$

是齐次线性方程组 $(\lambda_0E-A)x=0$ 的非零解。

矩阵 $\lambda E-A$ 称为矩阵 A 的特征矩阵，对应的行列式 $|\lambda E-A|$ 称为 A 的特征多项式，$|\lambda E-A|=0$ 称为矩阵 A 的特征方程，特征方程的根称为矩阵 A 的特征值。假设 A 是 n 阶方阵，则 λ_0 是 A 的特征值，$\boldsymbol{\alpha}$ 是对应于 λ_0 的特征向量，充分必要条件是 λ_0 是特征方程 $|\lambda E-A|=0$ 的根，$\boldsymbol{\alpha}$ 是齐次线性方程组 $(\lambda_0E-A)X=0$ 的非零解。

设矩阵 A 是一个 n 阶方阵，即 $A=(a_{ij})_{n\times n}$，则 A 的主对角线上各元素之和称为矩阵 A 的迹，记为 $tr(A)$，其中 $tr(A)=a_{11}+a_{22}+\cdots+a_{nn}$。

9.5.2 基本性质

性质1：若向量 $\boldsymbol{\alpha}$ 是矩阵 A 的属于特征值 λ_0 的特征向量，则 $\boldsymbol{\alpha}$ 一定是非零的向量，并且对于任意非零常数 k，$k\boldsymbol{\alpha}$ 也是 A 的属于特征值 λ_0 的特征向量。

性质2：如果 $\boldsymbol{\alpha}_1$，$\boldsymbol{\alpha}_2$ 是矩阵 A 的属于特征值 λ_0 的两个特征向量，当 $k_1\boldsymbol{\alpha}_1+k_2\boldsymbol{\alpha}_2\neq0$ 时，$k_1\boldsymbol{\alpha}_1+k_2\boldsymbol{\alpha}_2$ 也是矩阵 A 的属于特征值 λ_0 的特征向量。

证明：$A(k_1\boldsymbol{\alpha}_1+k_2\boldsymbol{\alpha}_2)=k_1A\boldsymbol{\alpha}_1+k_2A\boldsymbol{\alpha}_2=k_1\lambda_0\boldsymbol{\alpha}_1+k_2\lambda_0\boldsymbol{\alpha}_2=\lambda_0(k_1\boldsymbol{\alpha}_1+k_2\boldsymbol{\alpha}_2)$。

性质3：对于 n 阶方阵 A，其转置矩阵 A^T 与原矩阵有相同的特征值。

证：$|\lambda E-A^T|=|(\lambda E-A)^T|=|\lambda E-A|$。

注：虽然 A 与 A^T 有相同的特征值，但是同一个特征值对应的特征向量不一定相同。

性质 4：设矩阵 $A = (a_{ij})_{n \times n}$，则

（1）$\lambda_1 + \lambda_2 + \cdots + \lambda_n = a_{11} + a_{22} + \cdots + a_{nn}$。

（2）$\lambda_1 \lambda_2 \cdots \lambda_n = |A|$。

推论：矩阵 A 为可逆矩阵的充分必要条件是 A 的所有特征值均不为零。即 $\lambda_1 \lambda_2 \cdots \lambda_n = |A| \neq 0$。

性质 5：设 λ_0 是 A 的特征值，且 $\boldsymbol{\alpha}$ 是 A 属于 λ_0 的特征向量，k 为任意的非零常数，则

（1）$k\lambda_0$ 是矩阵 kA 的特征值，即 $(kA)\boldsymbol{\alpha} = (k\lambda_0)\boldsymbol{\alpha}$。

（2）λ_0^k 是矩阵 A^k 的特征值，即 $A^k \boldsymbol{\alpha} = \lambda_0^k \boldsymbol{\alpha}$。

（3）若矩阵 A 可逆，则 $\lambda_0 \neq 0$，且 $\dfrac{1}{\lambda_0}$ 是 A^{-1} 的特征值，即 $A^{-1}\boldsymbol{\alpha} = \dfrac{1}{\lambda_0}\boldsymbol{\alpha}$。

9.6 矩阵的分解

矩阵的分解是矩阵应用过程中非常重要的一部分，将矩阵分解为几个形式简单或具有某种特性的矩阵的乘积，在实际计算中十分重要。通过分解得到的特殊形式一方面能明显地反映出原矩阵的某些数值特征，如矩阵的行列式、秩、特征值及奇异值等；另一方面矩阵分解的方法与过程能够为某些有效的数值计算方法和理论分析提供根据。常用的矩阵分解形式主要有三角分解、QR 分解、满秩分解、奇异值分解 4 种。

9.6.1 三角分解

矩阵的三角分解：如果方阵 A 能够表示为一个下三角矩阵 L 乘以一个上三角矩阵 U，即 $A = LU$，则称矩阵 A 能够进行三角分解。

矩阵的三角分解是根据高斯消元法推导而来的，因此一个矩阵能进行三角分解的前提条件与高斯消元法相同，即对于 n 阶矩阵 A，其前 $n-1$ 个顺序主子式都不能为 $0(\Delta_k \neq 0)$。因此对矩阵 A 进行三角分解第一步应该是判断该矩阵是否满足这个前提条件，否则分解无意义。需要注意的是，矩阵的三角分解并不是唯一的。

为了得到唯一的三角分解的形式，经常将矩阵的三角分解表示为 $A = LDU$，其中 L，U 分别是单位下三角矩阵和单位上三角矩阵，D 是对角矩阵 $D = \mathrm{diag}(d_1, d_2, \cdots, d_n)$，$d_k = \dfrac{\Delta_k}{\Delta_{k-1}}(k = 1, 2, \cdots, n)$，$\Delta_0 = 1$。

因此矩阵的三角分解通常有两种形式：

（1）$A = LU$。

（2）$A = LDU$。

矩阵的三角分解经常用来求线性方程组 $Ax=b$ 的解。由于 $A=LU$，所以 $Ax=b$ 可以变换成 $LUx=b$，即有如下方程组：

$$\begin{cases} Ly=b \\ Ux=y \end{cases}$$

先由 $Ly=b$ 求得 y，再由 $Ux=y$ 即可求得方程的根 x_0，使用 LU 分解后，线性方程组的求解过程会更加简便。

9.6.2　QR 分解

矩阵的 QR 分解：如果实非奇异矩阵 A 可表示为一个正交矩阵 Q 乘以一个实非奇异上三角矩阵 R，即 $A=QR$，则称矩阵 A 可进行 QR 分解，又称为正交三角分解。矩阵的 QR 分解在最小二乘法中应用较多。

9.6.3　满秩分解

矩阵的满秩分解：设矩阵 A 是一个 $m\times n$ 的矩阵，其秩为 r，如果矩阵 A 可以分解为一个 $m\times r$ 的列满秩矩阵 F 乘以一个 $r\times n$ 的行满秩矩阵 G，即 $A=FG$，则称此分解为矩阵 A 的满秩分解，也称为最大秩分解。任意矩阵的满秩分解都是存在的，并且满秩分解的结果不唯一，常用初等变换法求矩阵的满秩分解矩阵。

9.6.4　奇异值分解

矩阵的奇异值分解是线性代数中非常重要的矩阵分解方法，也是应用最多的矩阵方法，在特征值问题、最小二乘问题、最优化问题以及统计学问题中，奇异值分解都有重要的应用。

矩阵的奇异值分解：设矩阵 A 是一个 $m\times n$ 的矩阵，其秩为 r，如果矩阵 A 可以表示为 $A=U\begin{bmatrix} \sum & 0 \\ 0 & 0 \end{bmatrix}V^H$，其中 U 为 m 阶的酉矩阵，V 为 n 阶的酉矩阵，$\sum = \mathrm{diag}(\sigma_1,\ \sigma_2,\ \cdots,\ \sigma_r)$，$\sigma_i(i=1,\ 2,\ \cdots,\ r)$ 为矩阵 A 的非零的奇异值。

对一个秩为 r 的 $m\times n$ 阶矩阵 A 进行奇异值分解的具体步骤为：

Step1：计算奇异值矩阵 $\sum$，首先求 $A^H A$ 的非零特征值 $\lambda_1,\ \lambda_2,\ \cdots,\ \lambda_r$，可得到矩阵 A 的正奇异值 $\sigma_i=\sqrt{\lambda_i}(i=1,\ 2,\ \cdots,\ r)$，因此 $\sum = \mathrm{diag}(\sigma_1,\ \sigma_2,\ \cdots,\ \sigma_r)$，并且 $\sigma_1 \geqslant \sigma_2 \geqslant \cdots \geqslant \sigma_r > 0$。

Step2：计算矩阵 V，V 可表示为分块矩阵 $V=(V_1,\ V_2)$，其中 V_1 为 $n\times r$ 的 r 阶矩阵，V_2 为 $n\times(n-r)$ 的 $n-r$ 阶矩阵。通过求非零特征值对应的特征向量，并将其转化为正交单位化的特征向量 v_i，可得矩阵 $V_1=(v_1,\ v_2,\ \cdots,\ v_r)$，由 $AV_2=O$ 可得矩阵 V_2，因此得到 $V=(V_1,\ V_2)$。

Step3：计算矩阵 U，令 $U_1 = AV_1 \sum^{-1} = (u_1，u_2，\cdots，u_r)$，再将两两正交的单位列向量 $u_1，u_2，\cdots，u_r$ 扩充为标准正交基 $u_1，u_2，\cdots，u_r，u_{r+1}，\cdots，u_m$，记矩阵 $U_2 = (u_{r+1}，u_{r+2}，\cdots，u_m)$，故得到 m 阶的矩阵 $U = (U_1，U_2)$。

9.7 张量

张量理论是数学学科中的一个分支，最初是用来表示力学弹性介质中各点应力状态的，后来逐渐发展为力学以及物理学中非常重要的数学工具。张量的重要性在于它可以满足一切物理定律必须与坐标系的选择无关这一特性。张量的概念是矢量概念的一种推广，矢量是一种特殊的张量（一阶张量）。张量可以表示某些矢量、标量以及其他张量之间的线性关系的多线性函数。

张量是一个定义在一些向量空间和一些对偶空间的笛卡儿积上的多重线性映射，其坐标是 n 维空间内，有 n 个分量的一种量，其中每个分量都是坐标的函数，而在进行坐标变换时，这些分量也按照某些规则进行线性变换。

在数学中，张量代表一种几何实体，就是广义上说的"数量"。张量的概念包括标量、向量以及线性算子。张量可以用坐标系统中标量的数组来表示，但它是不依赖于参照系的选择的。

虽然张量可以用分量的多维数组来表示，张量理论存在的意义在于进一步说明把一个数量称为张量的含义，而不仅仅是说它需要一定数量的有指标索引的分量。特别是，在坐标转换时，张量的分量值遵守一定的变换法则。张量的抽象理论是线性代数分支，现在叫作多重线性代数。

张量在机器学习中也有广泛的应用，特别是近年来的深度学习系统大多数都是基于张量理论的，比如谷歌的深度学习系统 TensorFlow 就使用了张量的相关理论。

10　概率论与数理统计

10.1　随机事件

10.1.1　随机现象

在一定条件下，并不总是出现同一结果的现象称为随机现象。例如，从某一批农产品任意抽取一个产品，其结果可能是合格也可能是不合格。

在相同条件下对能够重复的随机现象进行观察、记录以及实验，称为随机试验，随机试验一般需要符合下面 3 个条件：

（1）试验之前无法确定哪一个结果将会出现。

（2）每次试验的可能结果不止一个，并且能事先明确试验的所有可能结果。

（3）在同一条件下可以重复进行试验。

随机现象的一切可能的基本结果所组成的集合，称为样本空间。构成样本空间的每个基本结果称为一个样本点。

10.1.2　随机事件

由随机试验的部分样本点组成的集合，称为随机事件，简称为事件，通常用大写字母 A、B、C 表示。

样本空间的单个样本点组成的集合为基本事件。样本空间构成的集合为必然事件，即随机试验必然出现的结果。样本空间的最小子集（即空集）称为不可能事件，即随机试验不可能出现的结果。必然事件与不可能事件互为对立事件。

10.1.3　事件关系

（1）包含关系：

如果事件 A 发生必然导致事件 B 的发生，则称事件 B 包含事件 A，记作 $B \supset A$，或者称事件 A 包含于事件 B，记作 $A \subset B$。符号"$\supset$"表示"包含"，符号"$\subset$"表示"包含于"。

（2）相等关系：

如果事件 B 包含事件 A，且事件 A 包含事件 B，即 $B \supset A$ 且 $A \supset B$，则称事件 A 与 B 相等，记作 $A = B$，两个事件相等也可以简单理解为：事件 A 与 B 中任一事件的发生必然导致另一个事件的发生。

（3）互斥事件：

如果事件 A 与事件 B 不可能同时发生，则称事件 A 与事件 B 互不相容，或者称事件 A 与事件 B 是互斥事件。

（4）对立事件：

如果事件 A 与事件 B 是互不相容的两个事件，并且事件 A 与事件 B 必然有一个会发生，则称事件 A 与事件 B 是对立事件。事件 A 的对立事件通常用 $\bar{A}$ 来表示，因此事件 A 与事件 B 是对立事件可以表示为 $B=\bar{A}$。需要注意的是，对立事件一定是互不相容事件，而互不相容事件不一定是对立事件。

10.1.4 事件运算

事件间的运算主要有交、并、差三种运算。

（1）交运算：

由事件 A 与事件 B 中共有的样本点所组成的事件，称为事件 A 与事件 B 的交事件，记作 $A\cap B$ 或者 AB。事件 A 与事件 B 的交也可以理解为事件 A 与事件 B 同时发生。

（2）并运算：

由事件 A 与事件 B 中所有的样本点所组成的事件，称为事件 A 与事件 B 的并事件，记作 $A\cup B$。事件 A 与事件 B 的并也可以理解为事件 A 与事件 B 至少有一个必然发生。

（3）差运算：

由在事件 A 中，但不在事件 B 中的样本点所组成的事件，称为事件 A 与事件 B 的差事件，记作 $A-B$。事件 A 与事件 B 的差也可以理解为事件 A 发生但事件 B 不发生。

10.2 概率

10.2.1 定义

事件的发生是随机的，此时赋予事件一个发生可能性的度量值，称为概率。"可能性的度量值"是"宏观"意义下（即大数量的情况下）的一个比例值，由相对频率来计算，如某事件 A 发生的概率通常表示为：$P(A)\approx\dfrac{\text{试验中的}A\text{出现的次数}}{\text{总试验次数}}=\dfrac{n_A}{n}(n\text{ 很大})$。

设 Ω 是一个样本空间，对于样本空间中的任何事件 A，其概率均满足：

（1）非负性：$P(A)\geqslant 0$；

（2）归一性：$P(\Omega)=1$；

（3）可列可加性：若事件 A，B 互斥，即 $A\cap B=\phi$，则 $P(A\cup B)=P(A)+$

$P(B)$。

事件概率的基本性质：

（1） $P(\varnothing)=0$；

（2） $0 \leqslant P(A) \leqslant 1$；

（3） 如果 $A \subset B$，则 $P(A) \leqslant P(B)$；

（4） $P(AB) \leqslant P(A) \leqslant P(A \cup B)$。

10.2.2　条件概率

设 A、B 是两个事件，在事件 B 发生的条件下，计算事件 A 发生的概率，称为事件 B 发生的条件下，事件 A 的条件概率，简称为条件概率，记为 $P(A \mid B)$。若事件 B 不是不可能事件，即 $P(B) \neq 0$，则 $P(A \mid B) = \dfrac{P(AB)}{P(B)}$。

一般情况下，$P(A \mid B) \neq P(A)$，且它也满足非负性、规范性、可列可加性三个条件。

由条件概率可以得到三个经典的公式：乘法公式、全概率公式和贝叶斯公式。

乘法公式：由条件概率的定义 $P(A \mid B) = \dfrac{P(AB)}{P(B)}(P(B)>0)$，移项可得如下的公式，

（1） $P(AB) = P(B)P(A \mid B)$。

（2） 公式（1）推广到多个事件时，结论依然成立，即若有 n 个事件 A_1，A_2，…，A_n，且 $P(A_1 A_2 \cdots A_{n-1})>0$，则有：$P(A_1 \cdots A_n) = P(A_1) P(A_2 \mid A_1) P(A_3 \mid A_1 A_2) \cdots P(A_n \mid A_1 \cdots A_{n-1})$。

上面两个公式统称为乘法公式。

全概率公式：设样本空间 Ω 中有 n 个互不相容的事件 B_1，B_2，…，B_n，且 $\bigcup\limits_{i=1}^{n} B_i = \Omega$，若 $P(B_i)>0(i=1,2,\cdots,n)$ 则对于任意事件 A，均有 $P(A) = \sum\limits_{i=1}^{n} P(B_i)P(A \mid B_i)$ 恒成立，该公式称为全概率公式。

证明：由事件的运算性质可知，$A = A\Omega = A(\bigcup\limits_{i=1}^{n} B_i) = \bigcup\limits_{i=1}^{n}(AB_i)$，且 AB_1，AB_2，…，AB_n 是互不相容的，故由可列可加性可知：

$$P(A) = P(\bigcup\limits_{i=1}^{n}(AB_i)) = \sum\limits_{i=1}^{n} P(AB_i)，$$

再将 $P(AB_i) = P(B_i)P(A \mid B_i)$，$i=1,2,\cdots,n$ 代入上式即可得到全概率公式。

贝叶斯公式：在乘法公式以及全概率公式的基础上，可以推出著名的贝叶斯

公式。

设试验 E 的样本空间为 Ω，A 为 E 的某个事件，B_1，B_2，…，B_n 为 Ω 的一个划分（即 B_1，B_2，…，B_n 是样本空间为 Ω 中的互不相容的事件），且 $P(A) > 0$，$P(B_i) > 0(i = 1, 2, …, n)$，则

$$P(B_i \mid A) = \frac{P(A \mid B_i)P(B_i)}{\sum_{j=1}^{n} P(A \mid B_j)P(B_j)} \quad (i = 1, 2, …, n)$$

称此公式为贝叶斯公式。

证明：

由条件概率的定义可知 $P(B_i \mid A) = \dfrac{P(AB_i)}{P(A)}$，

由乘法公式可知 $P(AB_i) = P(B_i)P(A \mid B_i)$，

由全概率公式可知 $P(A) = \sum_{j=1}^{n} P(B_j)P(A \mid B_j)$，

将上述三个公式代入 $P(B_i \mid A) = \dfrac{P(AB_i)}{P(A)}$ 即可得到贝叶斯公式。

10.2.3 先验概率和后验概率

先验概率和后验概率是概率论中经常用到的两个概念。简单来说，在某事件发生之前，计算该事件发生的可能性的大小，是先验概率。如果某事件已经发生，计算该事件发生的原因是由某个因素引起的可能性的大小，是后验概率。

先验概率通常是根据以往的经验或者知识得到的概率，如通过全概率公式计算先验概率，后验概率是指在得到"结果"的信息后重新修正的概率。在贝叶斯公式中，若称 $P(B_i)$ 为 B_i 的先验概率，则 $P(B_i \mid A)$ 是 B_i 的后验概率。先验概率常作为"由因求果"问题中的"因"出现的概率。而后验概率通常是"执果寻因"问题中的"因"出现的概率。先验概率与后验概率不可分割，后验概率的计算通常要以先验概率作为基础，贝叶斯公式就是一种专门计算后验概率的方法。

10.2.4 事件独立性

设 A，B 是两个事件，事件的独立性简单理解就是事件 A 与事件 B 的发生互不影响，即对于两个独立的事件 A 与 B，都有 $P(A \mid B) = P(A)$ 及 $P(B \mid A) = P(B)$ 恒成立。$P(A \mid B) = P(A)$ 及 $P(B \mid A) = P(B)$ 与 $P(AB) = P(A)P(B)$ 是等价的，因此通常将 $P(AB) = P(A)P(B)$ 作为两个事件相互独立的定义。

推广到 n 个事件可以得到类似的结论。假设有 n 个事件 A_1，A_2，…，$A_n(n \geqslant$

2)，如果其中任意 $k(1<k\leqslant n)$ 个事件的交事件的概率满足 $P(A_1\cdots A_k)=P(A_1)$ $P(A_2)\cdots P(A_k)$，则称事件 A_1，A_2，$\cdots$，A_n 是相互独立的。

10.3　随机变量及其分布

10.3.1　随机变量的定义

随机变量是指用于表示随机现象的结果的变量，通常用大写字母 X，Y，Z 来表示。很多随机事件都可以用随机变量表示，表示时需要注明随机变量的含义。如掷一颗骰子，可能出现 1，2，3，4，5，6 的任何一个点，若令 $X=$"掷一颗骰子出现的点数"，则 1，2，3，4，5，6 就是随机变量 X 的所有可能取值。

对于一个随机试验 E，假设其样本空间为 Ω，若对于样本空间中任意的样本点 $e\in\Omega$，都有唯一确定的实数 $X(e)$ 与之对应，则称 Ω 上的实值函数 $X(e)$ 是一个随机变量，通常用小写字母 x，y，z 等表示随机变量 X，Y，Z 的取值。如果随机变量的取值是有限个或者可列个，则称其为离散型随机变量，若随机变量可取实数轴上的某个区间中的任意数，则称其为连续型随机变量。

10.3.2　分布函数

给定某随机变量的取值范围，那么概率分布指的是导致该随机事件出现的可能性。从机器学习的角度，概率分布可以理解为符合随机变量取值范围的某个对象属于某个类别或服从某种趋势的可能性。

设 X 是一个随机变量，对任意的实数 x，定义：$F(x)=P(X\leqslant x)$ 为随机变量 X 的分布函数。式中，P 为随机变量 X 的概率密度函数。

任意一个分布函数 $F(x)$ 都有如下三条基本性质：

（1）有界性：对于任意的 x，都有 $0\leqslant F(x)\leqslant 1$，且 $\lim\limits_{x\to-\infty}F(x)=0$，$\lim\limits_{x\to+\infty}F(x)=1$；

（2）单调不减性：对于任意的 $x_1\leqslant x_2$，都有 $F(x_1)\leqslant F(x_2)$；

（3）右连续性：$F(x+0)=F(x)$。

上述三条性质是所有分布函数所必须具有的性质，同时也可证明满足这三条基本性质的函数是某个随机变量的分布函数，因此上述三条性质是 $F(x)$ 是某一随机变量 X 的分布函数的充要条件。

根据分布函数的定义及其性质，还可得到如下的结论：

$P(a<X\leqslant b)=F(b)-F(a)$；

$P(X>a)=1-P(X\leqslant a)=1-F(a)$；

$P(X=a)=F(a)-F(a-0)$。

以上结论能够帮助更快地计算某个随机变量的分布函数。

对于离散型随机变量，常用分布列来表示其分布，而对于连续型随机变量，常用概率密度函数表示其分布。

离散型随机变量的分布列：假设离散型随机变量 X 的可能取值为 x_1, x_2, $\cdots$, x_n, 若其每一个值 $x_i(i=1, 2, \cdots, n)$ 的概率可表示为 $p_i = p(x_i) = P(X = x_i)$, 则称其为随机变量 X 的概率分布列, 简称分布列。离散型随机变量的分布列也可用表格表示。

X	x_1	x_2	$\cdots$	x_n
P	p_1	p_2	$\cdots$	p_n

离散型随机变量的分布列具有两个重要的性质：

(1) $p_i \geqslant 0(i=1, 2, \cdots, n)$;

(2) $p_1 + p_2 + \cdots + p_n = 1$。

连续型随机变量的概率密度函数：假设 $F(x)$ 为随机变量 X 的分布函数, 若 $(-\infty, +\infty)$ 区间内存在非负函数 $p(x)$, 使得对任意 $x \in R$, 恒有 $F(x) = \int_{-\infty}^{x} p(t)\mathrm{d}t$, 则称 $p(x)$ 为随机变量 X 的概率密度函数, 简称概率密度。

连续型随机变量的密度具有如下的性质：

(1) $p(x) \geqslant 0$;

(2) $\int_{-\infty}^{+\infty} p(t)\mathrm{d}t = 1$。

10.4 随机变量的数字特征

对于任意一个随机变量, 都有其对应的分布, 随机变量的分布描述了随机变量不同取值的统计规律, 根据随机变量的分布, 可以得到关于该随机变量事件的概率值。除此之外, 由分布也可得到随机变量的数学期望、方差和标准差等数字特征, 这些数字也可以对随机变量的特征进行一定的描述。

10.4.1 数学期望

数学期望是随机变量非常重要的一个数字特征, 简单来说, 随机变量的数学期望是一种加权平均。不同类型的随机变量的数学期望的计算方法不同, 下面给出随机变量的数学期望的定义。

离散型随机变量的数学期望：设随机变量 X 是离散的, 其分布列为 $P\{X = x_k\} = p_k$, $(k=1, 2, 3, \cdots)$, 若级数 $\sum_{k=1}^{\infty} x_k p_k$ 绝对收敛, 则称级数 $E(X) = \sum_{k=1}^{\infty} x_k p_k$ 为随机变量 X 的数学期望, 简称为期望或者均值。若级数 $\sum_{k=1}^{\infty} x_k p_k$ 不收敛, 则称随机变量 X 的数学期望不存在。

连续型随机变量的数学期望：设随机变量 X 是连续的，其密度函数为 $p(x)$，若广义积分 $\int_{-\infty}^{\infty} xp(x)\mathrm{d}x$ 绝对收敛，则称 $E(X) = \int_{-\infty}^{\infty} xp(x)\mathrm{d}x$ 为随机变量 X 的数学期望。

10.4.2   方差及标准差

随机变量的数学期望描述的是该随机变量分布的一种位置特征数，即 X 的取值在其期望 $E(X)$ 的附近，有时我们需要随机变量不同取值的波动情况，此时就需要方差和标准差这两个数字特征。方差简单理解就是随机变量与其期望之差的平方的均值。

设 X 是一个随机变量，那么 $[X-E(X)]^2$ 依然是一个随机变量，若该随机变量的期望 $E\{[X-E(X)]^2\}$ 存在，则称 $E\{[X-E(X)]^2\}$ 为随机变量 X 的方差，记为 $\sigma^2(X)$ 或 $Var(X)$。即 $\sigma^2(X) = Var(X) = E\{[X-E(X)]^2\}$。方差的正平方根 $\sqrt{Var(X)}$ 称为随机变量 X 的标准差或均方差，记为 $\sigma(X)$。随机变量 X 的方差与标准差反映的是 X 的取值与其期望的偏离程度。

对于离散型随机变量 X，假设其分布列为 $P\{X=x_k\}=p_k(k=1, 2, 3, \cdots)$，则其方差为 $Var(X) = \sum_{k=1}^{\infty} [x_k - E(X)]^2 p_k$。

对于连续型随机变量 X，若其密度函数为 $p(x)$，则其方差为 $Var(X) = \int_{-\infty}^{+\infty} [x - E(X)]^2 p(x)\mathrm{d}x$。

为了简化计算，也常将方差转化为期望进行计算，即 $Var(X) = E(X^2) - [E(X)]^2$。

10.4.3   分位数

对于连续型随机变量 X，假设其分布函数为 $F(x)$，概率密度函数为 $p(x)$，则对于任意的 $p(0<p<1)$，称满足 $F(x) = \int_{-\infty}^{x} p(t)\mathrm{d}t = p$ 的 x 为此分布的 p 分位数，或者下侧 p 分位数。常用的分位数主要有二分位数和四分位数，其中二分位数也称为中位数。

10.4.4   协方差与协方差矩阵

协方差表示的是两个随机变量之间的相关性，假设有两个随机变量 X 和 Y，那么其协方差可定义为：

$$Cov(X, Y) = E[(X - E(X))(Y - E(Y))]$$

如果协方差的值为正数，则说明这两个随机变量是正相关的。如果协方差的值为负数，则说明它们之间是负相关的。

类似也可定义 n 维随机变量 $(X_1, X_2, \cdots, X_n)$ 的协方差。n 维随机变量的协方差称为协方差矩阵。若 $c_{ij} = Cov(X_i, X_j) = E\{[X_i - E(X_i)][X_j - E(X_j)]\}$

$(i, j = 1, 2, \cdots, n)$ 都存在，则称矩阵 $c = \begin{pmatrix} c_{11} & c_{12} & \cdots & c_n \\ c_{21} & c_{22} & \cdots & c_{2n} \\ \vdots & \vdots & & \vdots \\ c_{n1} & c_{n2} & \cdots & c_{nn} \end{pmatrix}$ 为 n 维随机变量

$(X_1, X_2, \cdots, X_n)$ 的协方差矩阵。

根据协方差以及协方差矩阵的定义，可知协方差矩阵一定是对称矩阵，且对角线上的数据是其对应的随机变量的方差。

10.4.5　变异系数

方差或标准差反映的是随机变量取值的波动程度（离散程度），但是如果仅以方差或标准差的大小对两个随机变量的波动程度进行比较，有时也会产生一些不合理的现象。比如，如果这两个这随机变量的取值都有量纲，而不同量纲的随机变量直接比较方差（或标准差）的大小不太合理；即便是两个随机变量取值的量纲相同，而如果这两个随机变量的取值范围差距较大，也会导致取值较大的随机变量，其方差（或标准差）更大，此时直接用方差（或标准差）的大小对其波动程度进行比较，也会不太合理。

因此，在某些场合，变异系数成为比较两个随机变量的波动程度的一种更好的选择，变异系数的定义如下：

设随机变量 X 的二阶矩存在，则其变异系数可表示为：

$$C_\sigma(X) = \frac{\sqrt{Var(X)}}{E(X)} = \frac{\sigma(X)}{E(X)}$$

由于标准差 $\sigma(X)$ 的量纲与数学期望 $E(X)$ 的量纲相同，作比值能够消除量纲对波动的影响，因此变异系数是个无量纲的量。它更能刻画不同量纲的随机变量之间波动程度的大小。

10.4.6　相关系数

相关系数是衡量两个随机变量之间线性相关程度的指标，一般用变量 r 表示。假设有两个随机变量 X 和 Y，那么其协方差可定义为：$r_{XY} = \dfrac{Cov(X, Y)}{\sqrt{Var(X)}\sqrt{Var(Y)}}$。

相关系数的取值一定在 0 与 1 之间。相关系数的绝对值越大，即相关系数越接近于 1 或者 -1，表示两个随机变量之间的相关性越强；相关系数越接近于 0，表示随机变量之间的相关关系越弱。相关系数 r_{XY} 为 $1(-1)$，表示变量 X

和 Y 完全正（负）相关；相关系数 r_{XY} 为 0，表示变量 X 和 Y 无线性相关关系。

10.5 常见的分布

随机变量分为连续型和离散型两种，对应的分布亦分为两类：离散分布和连续分布。常见的离散分布主要有二项分布和泊松分布，而常用的连续分布主要有正态分布、均匀分布和指数分布。下面简单介绍这几种常用的分布。

10.5.1 二项分布

伯努利试验：如果一个试验 E 只有两种可能结果："A" 和 "$\bar{A}$"，则称试验 E 为伯努利试验。如，抛硬币试验中，其结果只有两种，正面（记为事件 A）和反面（记为事件 $\bar{A}$）。

n 重伯努利试验：在相同条件下，将试验 E 独立重复地进行 n 次，称为 n 重伯努利试验，每次试验都是相互独立的。

二项分布：在 n 重伯努利试验中，记随机变量 X 为事件 A 出现的次数，则 X 的可能取值为 0，1，2，$\cdots$，n，设在一次试验中，事件 A 出现的概率为 p，则在 n 次独立的实验中，事件 A 恰好出现 k 次的概率为 $P(X=k)=C_n^k p^k (1-p)^{n-k}$，这个分布称为二项分布，记为 $X \sim b(n, p)$。

10.5.2 泊松分布

泊松分布是由法国数学家泊松（Poisson，1781 - 1840）于 1837 年首次提出的。

若随机变量 X 表示事件 A 出现的次数，并且事件 A 出现的平均次数为 λ，若 X 取值为 k 的概率为 $P(X=k)=\dfrac{\lambda^k}{k!}e^{-\lambda}$（$k=0$，1，2，3，$\cdots$）。则称随机变量 X 服从参数为 λ 的泊松分布，记为 $X \sim P(\lambda)$，其中 λ 为事件 A 出现的平均次数。

泊松分布是一种比较常用的离散分布，主要用来描述单位时间（或者单位空间、单位面积、单位产品等）某事件发生次数的概率分布。

泊松分布的性质：

（1）在二项分布 $b(n, p)$ 中，当 n 很大而 p 很小时，计算量很大，此时，可以使用泊松分布来近似二项分布，从而减少二项分布的计算量。

泊松定理：在 n 重伯努利试验中，如果事件 A 在一次试验中发生的概率为 p，若当 $n \to \infty$ 时，有 $np \to \lambda$，则：$\lim\limits_{n \to \infty} C_n^k p^k (1-p)^{n-k} = \dfrac{\lambda^k}{k!}e^{-\lambda}$，其中 $\lambda = np$。

在实际计算时，当 $n \geqslant 100$，$np \leqslant 10$ 时，使用泊松分布近似二项分布的效果就比较好。

（2）泊松分布具有可加性。如：从同一处水源独立取水 5 次，进行细菌的培养，每次水样中菌落数 X_i，$i = 1$，2，…，5 均服从泊松分布，记为 $p(\lambda_i)$（$i = 1$，2，…，5），将 5 份水样回合后，其合计菌落数也服从泊松分布 $p(\lambda_1 + \lambda_2 + \cdots + \lambda_5)$。

10.5.3 正态分布

正态分布又称为高斯分布，是目前应用最广泛的一种连续分布。

（1）正态分布的定义：

若随机变量 X 的概率密度函数为：

$$p(x) = \frac{1}{\sqrt{2\pi}\,\sigma} e^{\frac{-(x-\mu)^2}{2\sigma^2}} \quad (-\infty < x < +\infty;\ \sigma > 0)$$

则称随机变量 X 服从正态分布，记作 $X \sim N(\mu, \sigma^2)$，其中参数 μ 为随机变量 X 的均值，σ^2 是随机变量 X 的方差。

正态分布 $N(\mu, \sigma^2)$ 的分布函数为：$F(x) = \int_{-\infty}^{x} \frac{1}{\sqrt{2\pi}\,\sigma} e^{\frac{-(t-\mu)^2}{2\sigma^2}} \mathrm{d}t$，$-\infty < x < +\infty$。

服从正态分布的随机变量的概率规律为取 μ 邻近的值的概率大，而取离 μ 越远的值的概率越小；方差 σ^2 越小，分布越集中在 μ 附近，σ^2 越大，分布就越分散。正态分布的密度函数的特点是：关于 μ 对称，在 μ 处达到最大值，在正（负）无穷远处的取值为 0，在 $\mu \pm \sigma$ 处有拐点。它的形状是中间高两边低，图像是一条位于 x 轴上方的钟形曲线。

特别地，当 $\mu = 0$，$\sigma^2 = 1$ 时，称为标准正态分布，记为 $N(0, 1)$。通常用 U 来表示标准正态变量，则标准正态分布的密度函数 $\varphi(u)$，分布函数 $\Phi(u)$ 分别为：

$$\varphi(u) = \frac{1}{\sqrt{2\pi}} e^{\frac{-u^2}{2}} \quad (-\infty < u < +\infty)$$

$$\Phi(u) = \int_{-\infty}^{u} \frac{1}{\sqrt{2\pi}} e^{\frac{-t^2}{2}} \mathrm{d}t \quad (-\infty < u < +\infty)$$

（2）正态分布的性质：

1）对于标准正态分布，其分布函数 $\Phi(u)$ 与密度函数 $\varphi(u)$ 满足 $\Phi(-u) = 1 - \Phi(u)$，$\varphi(-u) = \varphi(u)$。

2）若 $X \sim N(\mu, \sigma^2)$，则 $F(x) = \Phi\left(\frac{x-\mu}{\sigma}\right)$，即 $\frac{x-\mu}{\sigma} \sim N(0, 1)$，从而有 $P(a \leqslant X \leqslant b) = F(b) - F(a) = \Phi\left(\frac{b-\mu}{\sigma}\right) - \Phi\left(\frac{a-\mu}{\sigma}\right)$。

因此，对于正态分布的计算可转换为标准正态分布来计算，而对于标准正态分布的分布函数值，当 $u>0$ 时有表可查，根据对称性，当 $u<0$ 时，可根据 $\Phi(u)=1-\Phi(-u)$ 来计算。

3）若 $X \sim N(\mu,\ \sigma^2)$，则 $aX+b \sim N(a\mu+b,\ a^2\sigma^2)$。

对于泊松分布，当 λ 增大时，其接近正态分布，当 $\lambda \geq 20$ 时，泊松分布可作为正态分布进行处理。而当 n 很大时，可以使用泊松分布来近似二项分布，此时可将离散的随机变量近似看成连续的，此时二项分布和泊松分布均可以用正态分布来近似代替。

10.5.4 均匀分布

均匀分布是最简单的连续分布，它表示在区间 $(a,\ b)$ 内任一等长度区间内的事件出现的概率相同。

设随机变量 X 的概率密度可表示为：

$$p(x) = \begin{cases} \dfrac{1}{b-a}, & a < x < b \\ 0, & \text{其他} \end{cases}$$

则称 X 服从区间 $(a,\ b)$ 上的均匀分布，记作 $X \sim U(a,\ b)$。其分布函数为：

$$F(x) = \begin{cases} 0, & x < a \\ \dfrac{x-a}{b-a}, & a \leq x \leq b \\ 1, & x > b \end{cases}$$

10.5.5 指数分布

若随机变量 X 的概率密度为：

$$p(x) = \begin{cases} \lambda e^{-\lambda x} & x \geq 0 \\ 0 & x < 0 \end{cases}$$

称随机变量 X 服从参数为 λ 的指数分布，其分布函数是：

$$F(x) = \begin{cases} 1 - e^{-\lambda x} & x \geq 0 \\ 0 & x < 0 \end{cases}$$

指数分布是一种偏态分布，其随机变量只能取非负实数，故指数分布经常用于描述一些物理现象，比如各种"寿命"的分布：电子元器件的寿命、动物的寿命。

10.6 多元随机变量及其分布

10.6.1 二元随机变量及其分布函数

假设 E 是一个随机试验，其样本空间是 Ω，X、Y 为定义在样本空间 Ω 上的随机变量，那么由 X 和 Y 构成的向量 (X, Y) 称为二维随机变量或二维随机向量。与一元随机变量类似，根据随机变量的取值是否连续，二维随机变量也分为连续性和离散型两种。

一般地，二维随机变量 (X, Y) 的性质不仅与变量 X 有关，也与变量 Y 有关，并且还依赖于 X 和 Y 的相互关系，因此通常将 (X, Y) 作为一个整体进行研究。

与一维随机变量类似，二维随机变量 (X, Y) 也有其对应的分布函数。二维随机变量 (X, Y) 的分布函数的定义为：

假设 (X, Y) 为二维随机变量，对于任意实数 x、y，二元函数

$$F(x, y) = P\{(X \leq x) \cap (Y \leq y)\} = P\{X \leq x, Y \leq y\}$$

称为二维随机变量 (X, Y) 的分布函数，也称为联合分布函数。

由分布函数 $F(x, y)$ 的表达式可知，$F(x, y)$ 表示的是事件 $(X \leq x)$ 与事件 $(Y \leq y)$ 同时发生的概率。从几何方面可以简单理解为：如果将样本空间 Ω 看作一个平面，(X, Y) 看作该平面上具有随机坐标 (X, Y) 的点，那么分布函数 $F(x, y)$ 在某点 (x, y) 处的函数值表示的就是随机点 (X, Y) 落在平面上以 (x, y) 为右上方的无限矩形内的概率值。那么，随机点 (X, Y) 落在由 $\{x_1 < X \leq x_2, y_1 < Y \leq y_2\}$ 所表示的矩形区域内的概率为：

$$P\{x_1 < X \leq x_2, y_1 < Y \leq y_2\}$$
$$= F(x_2, y_2) - F(x_2, y_1) - F(x_1, y_2) + F(x_1, y_1)$$

与一维随机变量的分布函数类似，二元分布函数 $F(x, y)$ 也具有类似的性质：

（1）有界性：$0 \leq F(x, y) \leq 1$，且 $F(-\infty, y) = 0$，$F(x, -\infty) = 0$，$F(-\infty, -\infty) = 0$，$F(+\infty, +\infty) = 1$（凡含 $-\infty$ 的概率分布函数的函数值均为 0）。

（2）单调不减性：$F(x, y)$ 是以 x 和 y 为自变量的单调不减函数，即当 $x_1 < x_2$ 时，对应的函数值满足 $F(x_1, y) \leq F(x_2, y)$；同理，当 $y_1 < y_2$ 时，有 $F(x, y_1) \leq F(x, y_2)$。

（3）右连续性：$F(x, y)$ 关于变量 x 和 y 均满足右连续，即 $F(x+0, y) = F(x, y)$，$F(x, y+0) = F(x, y)$。

（4）对于任意的 (x_1, y_1) 和 (x_2, y_2)，若 $x_1 < x_2$，$y_1 < y_2$，则有：

$$F(x_2, y_2) - F(x_2, y_1) - F(x_1, y_2) + F(x_1, y_1) \geq 0$$

注：若 $F(x, y)(x \in R, y \in R)$ 是某个二元随机变量 (X, Y) 的分布函数，则 $F(x, y)(x \in R, y \in R)$ 一定满足性质（1）~（4），反之依然成立，即若 $F(x, y)$ 满足性质（1）~（4），则 $F(x, y)$ 必定是某个二维随机变量 (X, Y) 的分布函数。

10.6.1.1 二维离散型随机变量及其分布列

如果二维随机变量 (X, Y) 的取值是有限个或者无限可列个，那么称随机

变量 (X, Y) 为二维离散型随机变量。

设二维离散型随机变量 (X, Y) 的所有可能取值为 $(x_i, y_i)(i, j = 1, 2, 3, \cdots)$，称 $p_{ij} = P\{X = x_i, Y = y_j\}(i, j = 1, 2, 3, \cdots)$ 为二维离散型随机变量 (X, Y) 的分布列（概率分布）或随机变量 X、Y 的联合分布列。二维离散型随机变量 (X, Y) 的分布列可以用表格表示，表示方法与一维离散型随机变量的表格表示法类似。由概率的定义可知，$p_{ij} \geqslant 0$ 并且 $\sum\limits_{i=1}^{\infty} \sum\limits_{j=1}^{\infty} p_{ij} = 1$。

根据二维离散型随机变量 (X, Y) 的分布列可知，其分布函数 $F(x, y)$ 可表示为：

$$F(x, y) = \sum\limits_{x_i \leqslant x} \sum\limits_{y_j \leqslant y} P\{X = x_i, Y_j = y_j\} = \sum\limits_{x_i \leqslant x} \sum\limits_{y_j \leqslant y} p_{ij},$$

式中，$\sum\limits_{x_i \leqslant x} \sum\limits_{y_j \leqslant y}$ 表示对所有 $x_i \leqslant x$，$y_j \leqslant y$ 的这些指标 i、j 进行求和。

10.6.1.2　二维连续型随机变量及其概率密度函数

若对任意的 x、y，均存在非负函数 $f(x, y)$，使得二维随机变量 (X, Y) 的分布函数为 $F(x, y)$ 满足：

$$F(x, y) = \int_{-\infty}^{y} \int_{-\infty}^{x} f(u, v) \mathrm{d}u \mathrm{d}v$$

则称随机变量 (X, Y) 为二维连续型随机变量，$f(x, y)$ 称为二维连续型随机变量 (X, Y) 的概率密度（联合概率密度）。

二维连续型随机变量 (X, Y) 的概率密度 $f(x, y)$ 具有如下的性质：

（1）$f(x, y) \geqslant 0$。

（2）$\int_{-\infty}^{+\infty} \int_{-\infty}^{+\infty} f(x, y) \mathrm{d}x \mathrm{d}y = F(+\infty, +\infty) = 1$。

（3）若 $f(x, y)$ 在点 (x, y) 处连续，则有二阶混合偏导数 $\dfrac{\partial^2 F(x, y)}{\partial x \partial y} = f(x, y)$。

（4）设 Ω 是 xOy 平面上的一个区域，则点 (X, Y) 落在 Ω 内的概率可用二重积分来表示，即 $P\{(X, Y) \in \Omega\} = \iint\limits_{G} f(x, y) \mathrm{d}x \mathrm{d}y$。

10.6.1.3　n 维随机变量

假设随机试验 E 的样本空间为 Ω，X_1，X_2，$\cdots$，$X_n(n>2)$ 为定义在 Ω 上的随机变量，那么，由它们构成的 n 维向量 $(X_1, X_2, \cdots, X_n)$ 称为 n 维随机变量或 n 维随机向量。以上关于二维随机变量的性质以及结论可以推广到 n 维的情形。

n 维随机变量 $(X_1, X_2, \cdots, X_n)$ 的分布函数（联合分布函数）可表示为 n 元函数 $F(x_1, x_2, \cdots, x_n) = P\{X_1 \leqslant x_1, X_2 \leqslant x_2, \cdots, X_n \leqslant x_n\}$，其中 $x_1, x_2, \cdots, x_n$ 为实数域中的任意实数，其性质与二元分布函数类似。

10.6.2 边缘分布

假设二维随机变量 (X, Y) 的分布函数为 $F(x, y)$，事件 $\{X \leqslant x\}$ 可表示为 $\{X \leqslant x, Y < +\infty\}$，那么由 (X, Y) 的分布函数 $F(x, y)$ 可得到变量 X 的分布函数，记为 $F_x(x)$

$$F_X(x) = P\{X \leqslant x\} = P\{X \leqslant x, Y < +\infty\} = F(x, +\infty) = \lim_{y \to +\infty} F(x, y)$$

称 $F_X(x)$ 为关于变量 X 的边缘分布函数。类似也可定义关于变量 Y 的边缘分布函数 $F_Y(y)$：

$$F_Y(y) = P\{Y \leqslant y\} = P\{X < +\infty, Y \leqslant y\} = F(+\infty, y) = \lim_{x \to +\infty} F(x, y)$$

10.6.2.1 二维离散型随机变量的边缘分布列

假设二维离散型随机变量 (X, Y) 的分布列为 $p_{ij} = P\{X = x_i, Y = y_j\}$ $(i, j = 1, 2, 3, \cdots)$，则变量 X 和 Y 的分布函数分别为 $F_X(x) = F(x, +\infty) = \sum_{x_i \leqslant x} \sum_{j=1}^{\infty} p_{ij}$，$F_Y(y) = F(+\infty, y) = \sum_{y_i \leqslant y} \sum_{i=1}^{\infty} p_{ij}$，$X$ 和 Y 的分布列分别为 $P\{X = x_i\} = \sum_{j=1}^{\infty} p_{ij} (i = 1, 2, \cdots)$；$P\{Y = y_j\} = \sum_{i=1}^{\infty} p_{ij} (j = 1, 2, \cdots)$。

记 $p_{i.} = P\{X = x_i\} = \sum_{j=1}^{\infty} p_{ij} (i = 1, 2, \cdots)$，$p_{.j} = P\{Y = y_j\} = \sum_{i=1}^{\infty} p_{ij} (j = 1, 2, \cdots, n)$ 分别称 $p_{i.}$ 和 $p_{.j}$ 为随机变量 (X, Y) 关于 X 与 Y 的边缘分布列。

注：（1）边缘分布列与一维离散型随机变量的分布列的性质相同。

（2）联合分布列可唯一决定边缘分布列，反之则不然。

10.6.2.2 二维连续型随机变量的边缘概率密度

假设二维连续型随机变量 (X, Y) 的概率密度函数为 $f(x, y)$，由

$$F_X(x) = F(x, +\infty) = \int_{-\infty}^{x} \left[\int_{-\infty}^{+\infty} f(x, y) \, dy \right] dx,$$

$$F_Y(y) = F(+\infty, y) = \int_{-\infty}^{y} \left[\int_{-\infty}^{+\infty} f(x, y) \, dx \right] dy$$

可知变量 X 和 Y 的概率密度分别为：

$$f_X(x) = \int_{-\infty}^{+\infty} f(x, y) \, dy, \quad f_Y(y) = \int_{-\infty}^{+\infty} f(x, y) \, dx$$

分别称 $f_X(x)$ 与 $f_Y(y)$ 为随机变量 (X, Y) 关于 X 与 Y 的边缘概率密度。

10.6.3 条件分布

10.6.3.1 二维离散型随机变量的条件分布

对于二维离散型随机变量 (X, Y)，已知 $X=x_i$ 的条件下，变量 Y 的条件分布可表示为 $P(Y=y_j \mid X=x_i) = \dfrac{p_{ij}}{p_i \cdot}$；已知 $Y=y_j$ 的条件下，变量 X 的条件分布可表示为 $P(X=x_i \mid Y=y_j) = \dfrac{p_{ij}}{p_{\cdot j}}$。

10.6.3.2 二维连续型随机变量的条件分布

对于二维连续型随机变量 (X, Y)，已知 $Y=y$ 的条件下，变量 X 的条件分布密度为 $f(x \mid y) = \dfrac{f(x, y)}{f_Y(y)}$；已知 $X=x$ 的条件下，变量 Y 的条件分布密度为 $f(y \mid x) = \dfrac{f(x, y)}{f_X(x)}$。

10.7　数理统计

数理统计是研究如何有效地收集、整理和分析随机性数据并做出推断和预测的一门数学分支。概率论是数理统计的基础，数理统计是概率论的应用。数理统计主要研究内容分为两类，一类是实验的设计和研究，另一类是统计推断。实验的设计和研究主要研究如何合理有效地获得数据的方法，并对方法进行分析。统计推断则主要研究如何利用获得的数据对问题做出尽可能精确、可靠的判断。

10.7.1 统计量及其分布

在统计学中，通常将研究对象的全体称为总体，而将构成总体的每个对象称为个体。比如，要调查某市成年男子的吸烟率，那么该市所有的成年男子就构成了一个总体，而该市中每个成年男子就是一个个体。

对于总体较少的问题，可以直接对该总体进行研究，但是当总体较大或者无限总体时，直接对总体进行研究难度较大。因此，为了更好地了解总体的分布情况，可以随机地从总体中抽取 n 个个体，那么这 n 个个体就构成了总体的一个样本，n 代表样本容量，样本中的个体称为样品，分别记为 x_1，x_2，…，x_n。

从总体中抽取样本有多种不同的方法，为了使得抽取的样本能够较好地代表总体，最常用的抽样方法就是"简单随机抽样"。"简单随机抽样"有两个基本要求：

（1）随机性。总体中的每个个体被抽到的概率必须是均等的。

（2）独立性。样本中的每个样品的取值与其他样品均无关，即要求 x_1，x_2，…，x_n 相互独立。

设某总体的一个样本为 x_1，x_2，…，x_n，并且样本函数 $T(x_1, x_2, …, x_n)$ 不含有任何未知数，则称样本函数 T 为统计量，统计量的分布称为抽样分布。常用的抽样分布主要有三种：χ^2 分布、t 分布、F 分布。

10.7.1.1 χ^2 分布

设 X_1，X_2，…，X_n 是取自标准正态分布 $N(0, 1)$ 的样本，那么统计量 $\chi^2 = X_1^2 + X_2^2 + \cdots + X_n^2$ 的分布称为服从自由度为 n 的 χ^2 分布（卡方分布），记为 $\chi^2 \sim \chi^2(n)$。其中，自由度是指统计量所包含的独立样品的个数。

$\chi^2(n)$ 分布的概率密度为：$f(x) = \begin{cases} \dfrac{1}{2^{n/2} \Gamma(n/2)} x^{\frac{n}{2}-1} e^{-\frac{1}{2}x}, & x > 0 \\ 0, & x \leqslant 0 \end{cases}$

其中 $\Gamma(\cdot)$ 为 Gamma 函数。卡方分布具有如下的性质：

（1）χ^2 分布的期望与方差均与自由度有关，若 $\chi^2 \sim \chi^2(n)$，则 $E(\chi^2) = n$，$D(\chi^2) = 2n$。

（2）χ^2 分布具有可加性，若 $\chi_1^2 \sim \chi^2(m)$，$\chi_2^2 \sim \chi^2(n)$ 且统计量 χ_1^2，χ_2^2 相互独立，则 $\chi_1^2 + \chi_2^2 \sim \chi^2(m+n)$。

10.7.1.2 t 分布

设随机变量 X 与 Y 相互独立，并且 $X \sim N(0, 1)$，$Y \sim \chi^2(n)$，则统计量 $t = \dfrac{X}{\sqrt{Y/n}}$ 服从自由度为 n 的 t 分布，记为 $t \sim t(n)$。

t 分布的概率密度函数为：

$$f(x) = \frac{\Gamma[(n+1)/2]}{\sqrt{\pi n}\, \Gamma(n/2)} \left(1 + \frac{x^2}{n}\right)^{-\frac{n+1}{2}} \quad (-\infty < x < +\infty)$$

t 分布具有如下性质：

（1）t 分布的概率密度函数 $f(x)$ 关于 y 轴对称，且 $\lim\limits_{x \to \infty} f(x) = 0$。

（2）当自由度 n 充分大时，t 分布可由标准正态分布近似表示。

10.7.1.3 F 分布

设随机变量 X 与 Y 相互独立，并且 $X \sim \chi^2(m)$，$Y \sim \chi^2(n)$，则称统计量 $F = \dfrac{X/m}{Y/n} = \dfrac{nX}{mY}$ 服从自由度为 (m, n) 的 F 分布，记为 $F \sim F(m, n)$，其中 m 称为分

子自由度，n 为分母自由度。

F 分布的概率密度函数为：

$$f(x) = \begin{cases} \dfrac{\Gamma\left[\,(m+n)/2\,\right]}{\Gamma(m/2)\,\Gamma(n/2)}\left(\dfrac{m}{n}\right)\left(\dfrac{m}{n}x\right)^{\frac{m}{2}-1}\left(1+\dfrac{m}{n}x\right)^{-\frac{1}{2}(m+n)}, & x > 0 \\ 0, & x \leqslant 0 \end{cases}$$

F 分布具有如下性质：

（1）若 $X \sim t(n)$，则有 $X^2 \sim F(1, n)$；

（2）若 $F \sim F(m, n)$，则有 $\dfrac{1}{F} \sim F(n, m)$。

10.7.2　参数估计

参数估计是一种根据样本估计总体分布中的未知参数的一种方法，也是数理统计中比较重要的一部分。参数估计的方法有很多，例如：矩估计、最小二乘法、一致最小方差无偏估计、极大似然估计、最小风险估计、贝叶斯估计等，其中最基本、最常用的方法是最小二乘法以及极大似估计。本节重点介绍极大似然估计。

首先举一个最经典的例子：有两个相同的箱子，分别记为甲箱和乙箱，每个箱子中都装有 100 个小球，其中甲箱中有 99 个白球和 1 个黑球，乙箱中有 99 个黑球和 1 个白球。进行一次试验，取出的是白球，那么白球是从哪个箱子中取出的呢？

通过对两个箱子中装有的黑球和白球的数目进行分析，人们会认为这个白球更像是从甲箱中取出的，这个推断符合人类的经验事实，这种想法就是"极大似然原理"。简单来说，极大似然估计就是在已知样本结果的基础上，反推最有可能使这种结果成立的未知参数的值。

极大似然估计也称为最大似然估计，是一种建立在极大似然原理基础上的统计方法，其原理的直观想法是，假设一个随机试验有若干个可能的结果 A，B，C，…，若在一次试验中，结果 A 出现了，那么就认为试验条件对 A 的出现有利，即 A 出现的概率较大。

在统计学中，将关于统计模型中参数的函数称为似然函数。"似然性"与"概率"这两个词意思相近，都用来表示某种事件发生的可能性，但在统计学中，它们又有明确的区分。概率通常是指在参数已知的情况下，根据观测预测所得的结果，而似然性主要用于在已知某些观测所得结果时，对有关事物的某些参数进行估计。

（1）离散型随机变量的似然函数：

假设离散型总体 X 的概率分布列为 $P\{X = x\} = p(x; \theta)$，其中 θ 是未知参

数。若 $(X_1, X_2, \cdots, X_n)$ 是取自总体 X 的样本容量为 n 的样本，那么样本 $(X_1, X_2, \cdots, X_n)$ 的联合分布列为 $\prod\limits_{i=1}^{n} p(x_i; \theta)$。若已知样本 $(X_1, X_2, \cdots, X_n)$ 的一组观测值为 $(x_1, x_2, \cdots, x_n)$，那么样本 $X_1, X_2, \cdots, X_n$ 取到观测值 $x_1, x_2, \cdots, x_n$ 的概率可表示为关于 θ 的函数，即

$$L(\theta) = L(x_1, x_2, \cdots, x_n; \theta) = \prod_{i=1}^{n} p(x_i; \theta)$$

称 $L(\theta)$ 为该样本的似然函数。

（2）连续型随机变量的似然函数：

假设连续型总体 X 的概率密度函数为 $f(x; \theta)$，其中 θ 为未知参数。若 $(X_1, X_2, \cdots, X_n)$ 是取自总体 X 的样本容量为 n 的样本，那么 $(X_1, X_2, \cdots, X_n)$ 的联合概率密度函数可表示为 $\prod\limits_{i=1}^{n} f(x_i; \theta)$。则样本 $X_1, X_2, \cdots, X_n$ 取到观测值 $x_1, x_2, \cdots, x_n$ 的概率可表示为如下的函数：

$$L(\theta) = L(x_1, x_2, \cdots, x_n; \theta) = \prod_{i=1}^{n} f(x_i; \theta)$$

称 $L(\theta)$ 为该样本的似然函数。

若总体的分布函数含有多个未知参数，则最终得到的似然函数可记为

$$L(\theta_1, \theta_2, \cdots, \theta_k) = L(x_1, x_2, \cdots, x_n; \theta_1, \theta_2, \cdots, \theta_k)$$

（3）使用大似然法估计未知参数值的一般步骤为：

Step1：根据总体的分布，建立似然函数：$L(x_1, x_2, \cdots, x_n; \theta_1, \theta_2, \cdots, \theta_k)$。

Step2：当 L 关于未知参数 $\theta_1, \theta_2, \cdots, \theta_k$ 可微时，求偏导数并令偏导数等于 0，得到如下的方程组

$$\frac{\partial L}{\partial \theta_i} = 0 \quad (i = 1, 2, \cdots, k)$$

该方程组称为似然方程，求解似然方程，即可得到未知参数的估计值 $\hat{\theta}_i (i = 1, 2, \cdots, k)$。

注：因为 L 与 $\ln L$ 单调性相同且有相同的极大值点，为了简化计算，通常对似然函数 L 取对数，得到 $\ln L$，通过对 $\ln L$ 关于 $\theta_i (i = 1, 2, \cdots, k)$ 求偏导数并令其偏导数为 0，即

$\dfrac{\partial \ln L}{\partial \theta_i} = 0$，$i = 1, 2, \cdots, k$，求解该似然方程可得到未知参数 $\theta_i (i = 1, 2, \cdots, k)$ 的极大似然估计量 $\hat{\theta}_i (i = 1, 2, \cdots, k)$。因此，进行极大似然估计计算时，通常都是使用似然函数 L 的对数函数 $\ln L$ 进行计算。

10.7.3　单因素方差分析

在进行科学实验时，经常需要探讨不同的实验条件对于实验结果的影响。一般以不同实验条件下样本均值间的差异来表示实验条件的不同对于实验结果的影响。而方差分析就是一种用于检验多组样本均值间的差异是否具有统计意义的方法。如，不同颜色的饮料对销售量的影响；研究不同肥料对农作物产量的影响；医学界研究几种药物对某种疾病的疗效等；

这些问题都可以使用方差分析来解决。方差分析就是通过计算观测变量的方差，来研究多个控制变量中哪些对观测变量有显著影响，以及多个控制变量的搭配如何影响观测变量等问题。

按照控制变量个数的不同，方差分析主要分为单因素方差分析和多因素方差分析两种。单因素方差分析是用来研究一个控制变量的不同水平对观测变量的影响。而多因素方差分析研究的是两个及两个以上控制变量是否对观测变量产生显著影响。多因素方差分析既能分析各个因素对观测变量的独立影响，也能分析多个因素的交互作用对观测变量的影响，进而找到利于观测变量的最优组合。其中多因素方差分析以研究双因素方差分析为主。本部分主要介绍单因素方差分析。

首先简单介绍一下方差分析中常用到的一些术语。

（1）因素：因素也称为因子，它是一个独立的变量，也是方差分析研究的对象。如：要分析不同的颜色对饮料的销售量是否有影响，"饮料的颜色"就是一个因素。方差分析中的因素主要是指能够人为控制的因素，这类因素称为控制变量。

（2）水平：因素中的内容称为水平，它是因素的具体表现。如：假设饮料的颜色有粉色、绿色、橘黄色、蓝色和无色 5 种，那么饮料的颜色这一因素中的水平有 5 个，也就是饮料的 5 种不同颜色。因素的每一个水平都可以看作是一个总体，则粉色、绿色、橘黄色、蓝色和无色饮料可以看作是 5 个总体。

设单因素 A 共有 m 个水平（总体），分别记为 A_1，A_2，$\cdots$，A_m，第 i 个总体对应的样本数记为 n_i。假设：每个总体下的样本均服从正态分布，各个总体的方差相同，每个总体抽取的样本是相互独立的，即对于总体 $A_i(i=1,2,\cdots,m)$，其样本 x_{i1}，x_{i2}，$\cdots$，x_{in_i} 相互独立，且均服从正态分布 $N(\mu_i,\sigma^2)(\mu_i,\sigma^2$ 未知$)$。进行单因素方差分析的具体步骤为：

Step1：建立假设。

原假设 H_0：$\mu_1=\mu_2=\cdots=\mu_m$，即各总体之间无显著差异；

备择假设 H_1：μ_1、μ_2、$\cdots$、μ_m 不全相等，即各总体之间有显著差异。

其中，μ_i 为第 i 个总体（水平）的均值。

Step2：计算水平均值。

假定从第 i 个总体抽取一个样本容量为 n_i 的简单随机样本，则有：

第 i 组样本的平均数 $\overline{x_{i.}} = \dfrac{\sum\limits_{j=1}^{n_i} x_{ij}}{n_i}$（$i = 1, 2, \cdots, m$），其中，$n_i$ 为第 i 个总体的样本个数，x_{ij} 为第 i 个总体的第 j 个样本值。

Step3：计算全部样本的总均值。

总样本的平均值 $\overline{x_{..}} = \dfrac{\sum\limits_{i=1}^{m} \sum\limits_{j=1}^{n_i} x_{ij}}{n} = \dfrac{\sum\limits_{i=1}^{m} n_i \overline{x_{i.}}}{\sum\limits_{i=1}^{m} n_i}$，其中，$n = \sum\limits_{i=1}^{m} n_i$ 为总样本数。

Step4：计算离差平方和。

方差分析进行统计推断采用的是 F 检验。因此需要构造 F 检验的统计量，即计算三个离差平方和：总离差平方和 SST，组内离差平方和 SSE，组间离差平方和 SSR，并且三个离差平方和之间满足 $SST = SSR + SSE$。

其中，总离差平方和 $SST = \sum\limits_{i=1}^{m} \sum\limits_{j=1}^{n_i} (x_{ij} - \overline{x_{..}})^2$，其自由度为 $n - 1$；

组间离差平方和 $SSR = \sum\limits_{i=1}^{m} (\overline{x_{i.}} - \overline{x_{..}})^2 = \sum\limits_{i=1}^{m} n_i (\overline{x_{i.}} - \overline{x_{..}})^2$，其自由度为 $m - 1$；

组内离差平方和 $SSE = \sum\limits_{i=1}^{m} \sum\limits_{j=1}^{n_i} (x_{ij} - \overline{x_{i.}})^2$，其自由度为 $n - m$。

Step5：计算统计量并作出方差分析表。

组间离差平方和 SSR 对应的平均均方，即组间方差 $MSR = \dfrac{SSR}{m-1}$；

组内离差平方和 SSE 对应的平均均方，即组内方差 $MSE = \dfrac{SSE}{n-m}$；

则 F 检验的统计量 $F = \dfrac{MSR}{MSE} = \dfrac{SSR/(m-1)}{SSE/(n-m)}$。

为使方差分析过程中的各个数据表示得更加清晰，通常将有关的计算结果表示为如表 10-1 所示的方差分析表。

表 10-1　方差分析表

方差来源	离差平方和	自由度	均方差	F 值
组间	SSR	$m-1$	MSR	$\dfrac{MSR}{MSE}$
组内	SSE	$n-m$	MSE	
总计	SST	$n-1$		

Step6：进行统计决策。

方法一：P 值规则

根据方差分析表中检验统计量的值（即 F 值）可得到对应的算出 P 值为 0.411573。由于 $P > \alpha$，故不能拒绝原假设 H_0，即认为 4 种不同配方饲料对小鸭增重的影响无显著的差异。

方法二：临界值规则

查表可得显著水平 $\alpha = 0.05$ 对应的临界值为 $F_{0.05}(3, 17) = 3.20$。由于方差分析表中的 F 值小于显著水平 $\alpha = 0.05$ 对应的临界值 3.20，故检验统计量的样本值在接受域内，故不能拒绝原假设 H_0，即认为 4 种不同配方的饲料对小鸭增重的影响并没有显著的差异。

10.7.4 回归分析与最小二乘法

回归分析是一种用于确定两种或两种以上变量间相互依赖关系的统计分析方法。按照问题所涉及变量的多少，可将回归分析分为一元回归分析和多元回归分析；按照自变量与因变量之间是否存在线性关系，分为线性回归分析和非线性回归分析。如果在某个回归分析问题中，只有两个变量，一个自变量和一个因变量，且自变量与因变量之间的函数关系能够用一条直线来近似表示，那么称其为一元线性回归分析。

最小二乘法又称为最小平方法，是一种常用的数学优化方法。最小二乘法的原理简单，但是用途广泛，即可用于参数估计，也可用于曲线的拟合，以及其他的一些优化问题。最小二乘法通过最小化误差平方和来寻找与数据匹配最佳的函数。

在有监督学习任务中，若预测变量为离散变量，则称其为分类问题；而预测变量为连续变量时，则称其为回归问题。以一元线性回归问题为例，来解释最小二乘法的具体用法。

对于一元线性回归模型，假设从总体中获取了 n 组观察值 $(x_i, y_i)(i = 1, 2, \cdots, n)$，其中 $x_i, y_i \in R$。那么这 n 组观察值在二维平面直角坐标系中对应的就是平面中的 n 个点，此时有无数条曲线可以拟合这 n 个点。通常情况下，希望回归函数能够尽可能好地拟合这组值。综合来看，当这条直线位于样本数据的中心位置时似乎最合理。因此，选择最佳拟合曲线的标准可确定为：总拟合误差（即总残差）最小。对于总拟合误差，有三个标准可供选择：

（1）用"残差和"表示总拟合误差，但"残差和"会出现相互抵消的问题。

（2）用"残差绝对值"表示总拟合误差，但计算绝对值相对来说较为麻烦。

（3）用"残差平方和"表示总拟合误差。最小二乘法采用的就是"残差平方和最小"所确定的直线。用"残差平方和"计算方便，而且对异常值会比较敏感。

假设回归模型（拟合函数）为：

$$f(x_i) = \beta_0 + \beta_1 x_i$$

那么样本 (x_i, y_i) 的误差 $e_i = y_i - f(x_i) = y_i - \beta_0 - \beta_1 x_i$，其中 $f(x_i)$ 为 x_i 的预测值（拟合值），y_i 为 x_i 对应的实际值。

最小二乘法的损失函数 Q 也就是残差平方和，即

$$Q = \sum_{i=1}^{n} e_i^2 = \sum_{i=1}^{n} (y_i - f(x_i))^2 = \sum_{i=1}^{n} (y_i - \beta_0 - \beta_1 x_i)^2$$

通过最小化 Q 来确定直线方程，即确定 β_0 和 β_1，此时该问题变成了求函数 Q 的极值的问题。根据高等数学的知识可知，极值通常是通过令导数或者偏导数等于 0 而得到，因此，求 Q 关于未知参数 β_0 和 β_1 的偏导数：

$$\begin{cases} \dfrac{\partial Q}{\partial \beta_0} = 2 \sum_{i=1}^{n} (y_i - \beta_0 - \beta_1 x_i)(-1) = 0 \\ \dfrac{\partial Q}{\partial \beta_1} = 2 \sum_{i=1}^{n} (y_i - \beta_0 - \beta_1 x_i)(-x_i) = 0 \end{cases}$$

通过令偏导数为 0，可求解函数的极值点，即：

$$\beta_0 = \frac{\sum x_i^2 \sum y_i - \sum x_i \sum x_i y_i}{n \sum x_i^2 - (\sum x_i)^2}$$

$$\beta_1 = \frac{n \sum x_i y_i - \sum x_i \sum y_i}{n \sum x_i^2 - (\sum x_i)^2}$$

将样本数据 $(X_i, Y_i)(i = 1, 2, \cdots, n)$ 代入，即可得到 $\hat{\beta}_0$ 和 $\hat{\beta}_1$ 的具体值。这就是利用最小二乘法求解一元线性回归模型参数的过程。

11 最优化理论与信息论

最优化理论与算法是数学中一个非常重要的分支，它所研究的问题是如何在众多的方案中寻找最优的方案。最优化理论的应用非常广泛，例如，工程设计中如何选择设计参数，使得设计方案既满足设计要求又能将成本降到最低；原料配比问题中，如何确定各种成分的比例，才能提高质量，降低成本；农田规划中，如何安排各种农作物的合理布局，才能保持高产稳产，充分发挥地区的优势；以最小的代价取得最大化的收益等问题，都是最优化理论解决的问题。

11.1 最优化问题描述

最优化问题主要分为两大类：定性优化问题和定量优化问题，从数学角度看，定量优化问题的目标就是寻找 n 元函数 $f(X)$ 的极值点。当 f 是普通函数，X 是 n 维变量 $(X \in R^n)$ 时，这类优化问题称为数学规划（简称 MP），变量 X 可能有限制条件也可能没有，限制条件称为约束。其一般模型可表示为：

$$\text{（MP）} \quad \min f(X) \quad (\max f(X))$$
$$g_i(X) \geqslant 0 \quad (i = 1, 2, \cdots, m)$$
$$h_j(X) = 0 \quad (j = 1, 2, \cdots, p)$$

其中 $f(X)$ 称为目标函数，$\min f(X)(\max f(X))$ 表示目标函数 $f(X)$ 的最小值（最大值），$g_i(X) \geqslant 0(i = 1, 2, \cdots, m)$，$h_j(X) = 0(j = 1, 2, \cdots, p)$ 称为约束条件，其中称 $g_i(X) \geqslant 0(i = 1, 2, \cdots, m)$ 为不等式约束，$h_j(X) = 0(j = 1, 2, \cdots, p)$ 为等式约束，$g_i(X)$，$h_j(X)$ 称为约束函数。

由于 $\min f(X) = -\max(-f(X))$，故求最大值与求最小值本质上是相同的，因此，后面仅对求最小值的问题进行讨论。而一个等式约束 $h_j(X) = 0$ 又可以由两个不等式约束 $h_j(X) \geqslant 0$ 与 $-h_j(X) \geqslant 0$ 表示，因此上述规划问题可以写成统一的形式：

$$\text{（MP）} \quad \min f(X)$$
$$\text{s. t.} \quad g_i(X) \geqslant 0 \quad (i = 1, 2, \cdots, m)$$

或

$$\text{（MP）} \quad \min f(X)$$
$$\text{s. t.} \quad X \in D$$
$$D = \{X \mid g_i(X) \geqslant 0 \quad (i = 1, 2, \cdots, m)$$

其中, s. t. 是 subject to（such that） 的缩写，可以理解成：满足（约束条件）。

根据变量 X 有无约束条件，可将数学规划问题分为约束规划问题和无约束规划问题。若目标函数 $f(X)$ 和约束函数 $g_i(X)$ 都是线性的，那么这类优化问题称为线性规划，否则称为非线性规划，线性规划是最简单的一类规划问题。

11. 2 对偶理论

对于优化问题，若其约束条件为等式约束，则可以直接通过引入拉格朗日算子进行求解。而对于存在非等式的约束问题，引入拉格朗日算子很难直接求解，需要将原问题转化为其对偶问题，然后求解其对偶问题即可，具体的数学描述如下：

11. 2. 1 等式约束的优化问题的求法

对于优化问题

$$\min_w \quad f(w) \tag{11-1}$$
$$\text{s. t.} \quad h_i(w) = 0 \quad (i = 1, 2, \cdots, l)$$

引入拉格朗日算子，得到拉格朗日公式，如公式（11-2）所示。

$$L(w, \beta) = f(w) + \sum_{i=1}^{l} \beta_i h_i(w) \tag{11-2}$$

分别对式（11-2）中 w，β 求偏导数，使偏导数等于 0，然后就可解出 w，β。

11. 2. 2 不等式约束的优化问题的求法

对于优化问题

$$\min_w \quad f(w)$$
$$\text{s. t.} \quad g_i(w) \leqslant 0 \quad (i = 1, 2, \cdots, k) \tag{11-3}$$
$$h_j(w) = 0 \quad (j = 1, 2, \cdots, l)$$

此时对应的拉格朗日函数如公式（11-4）所示。

$$L(w, \alpha, \beta) = f(w) + \sum_{i=1}^{k} \alpha_i g_i(w) + \sum_{j=1}^{l} \beta_j h_j(w) \alpha_i \geqslant 0, \quad \beta_j \in R \tag{11-4}$$

此极值问题求解的是最小值，当 $g_i(w)$ 不等于 0 时，可以将 α_i 调成很大的正值使得最后的函数结果为负无穷，为排除这种情况，定义函数如公式（11-5）所示。

$$\theta_p(w) = \max_{\alpha, \beta; \alpha_i \geqslant 0} L(w, \alpha, \beta) \tag{11-5}$$

这里 p 代表的是原问题，此时

$$\theta_p(w) = \begin{cases} f(w) & \text{如果 } w \text{ 满足约束条件} \\ \infty & \text{否则} \end{cases} \tag{11-6}$$

这样原来的目标函数 $\min_w f(w)$ 就可以转换成 $\min_w \theta_p(w)$，如式（11-7）所示。

$$\min_w \theta_p(w) = \min_w \max_{\alpha,\ \beta;\ \alpha_i \geq 0} L(w,\ \alpha,\ \beta) \tag{11-7}$$

公式（11-7）的优化问题很难直接求解，此时考虑另一个问题，

$$\theta_D(\alpha,\ \beta) = \min_w L(w,\ \alpha,\ \beta) \tag{11-8}$$

$\theta_D(\alpha,\ \beta)$ 将原问题转化为了先求拉格朗日函数（11-5）关于 w 的最小值，然后再求 $\theta_D(\alpha,\ \beta)$ 关于 $\alpha,\ \beta$ 的最大值，得到公式（11-9）所示的优化问题。

$$\max_{\alpha,\ \beta;\ \alpha_i \geq 0} \theta_D(\alpha,\ \beta) = \max_{\alpha,\ \beta;\ \alpha_i \geq 0} \min_w L(w,\ \alpha,\ \beta) \tag{11-9}$$

式（11-9）是式（11-7）的对偶问题。若对偶问题的最优值等于原问题的最优值，则称该优化问题是强对偶的，而 KKT（Kavush-Kuhn-Tuchen）条件是满足强对偶条件的优化问题的必要条件，故对偶问题（11-9）的最优解必须满足 KKT 条件。

$$\begin{aligned} &\frac{\partial}{\partial w} L(w,\ \alpha,\ \beta) = 0 \\ &h_j(w) = 0 \quad (j = 1,\ 2,\ \cdots,\ l) \\ &\alpha_i g_i(w) = 0 \quad (i = 1,\ 2,\ \cdots,\ k) \end{aligned} \tag{11-10}$$

11.3 常用的优化算法

11.3.1 最速下降法

最速下降法也称为梯度下降法，它是求解无约束优化问题最古老并且最简单的方法之一。许多有效的优化算法都是在最速下降法的基础上进行改进或者修正而得到的。最速下降法以负梯度为搜索方向，越接近目标值时，其搜索步长越小，前进也就越慢。

假设有一个无约束优化问题 $\min f(x)$，$x \in R^n$，其中 $f(x)$ 是一阶连续可微的。

处理这类优化问题时，最简单的方法就是，从某一点出发，沿着目标函数值下降最快的方向进行搜索，以尽快达到极值点，这就是最速下降法的基本思想。

最速下降法的基本步骤：

Step1：设置初始值。确定初始点 $x^{(0)} \in R^n$，终止误差 $\varepsilon(\varepsilon > 0)$，迭代次数 $k = 0$。

Step2：计算搜索方向 $p^{(k)}$。首先计算梯度算子 $\nabla f(x^{(k)})$（$\nabla f(x^{(k)})$ 指的是函

数 $f(x)$ 关于其各个分量的偏导数构成的向量），若 $\| p^{(k)} \| \leqslant \varepsilon$，则迭代停止，输出 $x^{(k)}$；否则，令搜索方向 $p^{(k)} = -\nabla f(x^{(k)})$。

Step3：进行一维搜索，计算搜索步长 t_k。求出满足 $f(x^{(k)} + t_k p^{(k)}) = \min\limits_{t \geqslant 0} f(x^{(k)} + tp^{(k)})$ 的搜索步长 t_k，并沿着 $p^{(k)}$ 的方向进行一维搜索。

Step4：令 $x^{(k+1)} = x^{(k)} + t_k p^{(k)}$，$k = k+1$，转至 Step2。

11.3.2 牛顿法

牛顿法也称辗转法，其求解过程就是不断用变量的旧值来递推新值。牛顿法的应用主要有两方面：一是求解方程的根，二是作为非线性规划的一种最优化方法。

求一元方程 $f(x) = 0$ 的根，牛顿法的基本思想为：首先，选择一个与函数 $f(x)$ 的零点接近的 x_0，并且计算 $f(x_0)$ 的值以及 $f(x)$ 在 x_0 处的切线斜率 $f'(x_0)$。然后计算经过点 $(x_0 f(x_0))$ 并且斜率为 $f'(x_0)$ 的直线与 x 轴的交点的横坐标，也就是求解方程：

$$x \cdot f'(x_0) + f(x_0) - x_0 \cdot f'(x_0) = 0$$

将上述方程组的解记为 x_1，通常 x_1 比 x_0 更接近方程 $f(x) = 0$ 的解。此时使用 x_1 继续进行下一轮的迭代。迭代公式可化简为：

$$x_{k+1} = x_k - \frac{f(x_k)}{\nabla f(x_k)}$$

由于牛顿法是根据当前位置的切线与 x 轴的交点来确定下一次迭代的值，因此牛顿法又称为"切线法"。

对于非线性最优化问题，需要计算的是方程 $f'(x) = 0$ 的根，那么此时对应的迭代公式为：

$$x^{(k+1)} = x^{(k)} - \frac{\nabla f(x^{(k)})}{\nabla^2 f(x^{(k)})}$$ （或者表示为 $x^{(k+1)} = x^{(k)} - \frac{\nabla f(x^{(k)})}{H(x^{(k)})} = x^{(k)} - H^{-1}(x^{(k)}) \nabla f(x^{(k)})$），

其中 $H(x^{(k)}) = \nabla^2 f(x^{(k)})$，$H(x^{(k)})$ 指的是 Hessian 矩阵，即 $f(x)$ 在 $x^{(k)}$ 处对应的二阶偏导数。

由上述公式可知，利用牛顿法求解最优化问题时，需要保证函数 $f(x)$ 的二阶导数存在。牛顿法进行最优化计算的具体步骤：

Step1：设置初始值。确定初始点 $x^{(0)} \in R^n$，终止误差 $\varepsilon(\varepsilon > 0)$ 以及迭代次数 $k = 0$。

Step2：进行迭代。迭代公式为 $x^{(k+1)} = x^{(k)} - \frac{\nabla f(x^{(k)})}{\nabla^2 f(x^{(k)})}$。

Step3：如果 $| x^{(k+1)} - x^{(k)} \leqslant \varepsilon$，则停止迭代，输出 $x^{(k+1)}$；否则，继续执行

Step2。

关于牛顿法和最速下降法的对比：

从迭代过程来看，牛顿法是二阶收敛，而最速下降法是一阶收敛，因此牛顿法收敛速度更快。通俗地说，如果想找到一条最短的路径走到一个山谷的最底部，梯度下降法在选择方向时，每次都只从当前所处的位置选择一个坡度最大的方向走一步，只考虑局部的最优；而牛顿法在选择方向时，不仅会考虑当前位置的坡度是否够大，还会考虑走一步之后，坡度是否会变得更大。因此，牛顿法比最速下降法看得更远，目光加长远，更具有全局性的思想，能更快地走到最底部。

11.4   信息论基础

信息论是应用数学中的一个重要分支，主要研究如何对一个信号所包含的信息进行量化。信息论关注的主要是一个不太可能发生的事件发生了这类的问题，因为这类问题所提供的信息量更多。如，相比于消息"明天晚上可以看到月亮"，消息"明天晚上有月食"所包含的信息量更加丰富。信息论在机器学习中也有非常重要的应用，比如决策树就是在信息论的基础上发展起来的一种用于分类和回归的算法。

11.4.1   信息概念

随着科技的飞速发展，人类已经进入信息化时代，无论是生产生活还是社会活动，信息都是无处不在的，那么什么是信息？目前关于信息的定义并没有一个公认的结果。目前，比较常用的是香农关于信息的定义。香农关于信息的定义是：信息是事物运动状态或存在方式的不确定性的描述。

在概率论中，一般用概率来描述事件的不确定程度，而在信息论中，一般用信息来描述消息中不确定的内容。一般来说，一个消息出现的概率越小，其不确定性就越大，那么该消息中所包含的不确定的内容（信息量）也就越大。那么如何对信息进行度量？主要有两种方式，一种是信息熵，另一种就是平均互信息。信息熵描述的是某离散型随机变量本身所含信息的多少，而平均互信息描述的是离散随机变量之间相互提供的信息量的多少。

11.4.2   自信息和信息熵

对于任意随机事件，其自信息等于该事件发生的概率的对数负值，假设该随机事件对应一个离散型的随机变量 X，并且其分布列为

$$\begin{bmatrix} X \\ P \end{bmatrix} = \begin{bmatrix} x_1 & x_2 & \cdots & x_n \\ p_1 & p_2 & \cdots & p_n \end{bmatrix}$$

那么，该随机事件的自信息 $I(x_i) = -\log p_i$，一般情况下，log 指的是以 2 为底的对数函数。自信息指的是信源所发出的某一消息所含有的信息量，因此，当信源发出的消息不同时，其所含的信息量便不同，因此自信息也是一个随机变量，它并不能对整个信源的信息进行有效地度量。香农利用自信息的平均值来描述信源所含信息量的平均值，并且将自信息的平均值称为信息熵，简称为熵，记为 $H(X)$。$H(X) = E(I(x_i)) = \sum -p_i\log p_i$ 称为信息熵。

参 考 文 献

［1］ Aizerman M, Braverman E, Rozonoer L. Theoretical foundations of the potential function method in pattern recognicion learning ［J］. Automation Remote Control, 1964, 25: 821~837.

［2］ Aronszajn, N. Theory of reproducing kernels ［J］. Trans Amer. Math. Soc. , 2001, 12 （4）, 765~775.

［3］ Abadi M, Agarwal A, Barham P, et al. TensorFlow: Large – Scale Machine Learning on Heterogeneous Distributed Systems ［J］. 2016.

［4］ Abadi M, Barham P, Chen J, et al. TensorFlow: a system for large–scale machine learning ［J］. 2016.

［5］ Barzilay, O. &Brailovsky, V. L. On domain knowledge and feature selection using a support vector machine ［J］. Pattern Recognition Letters, 1999, 20, 475~484.

［6］ Leslie C, Eskin E, Noble W S. The spectrum kernel: A string kernel for SVM protein classication ［M］//Biocomputing 2002, 564~575.

［7］ Collins M, Duffy N. Convolution kernels for natural language, In: Neural Information rocessing stems, NIPS 14, 2001, http: //citeseer. nj. nec. com/542061. html.

［8］ Cristianini N, Shawe–Taylor J, Campbell C. Dynamically adapting kernels in support vector machines. Advances in Neural Information Processing Systems, MIT Press, 1998, 11.

［9］ Dahl G E, Sainath T N, Hinton G E. Improving deep neural networks for LVCSR using rectified linear units and dropout ［C］// IEEE International Conference on Acoustics, Speech and Signal Processing. IEEE, 2013: 8609~8613.

［10］ Donahue J, Hendricks L A, Rohrbach M, et al. Long–Term Recurrent Convolutional Networks for Visual Recognition and Description ［J］. IEEE Transactions on Pattern Analysis & Machine Intelligence, 2017, 39 （4）: 677~691.

［11］ Gärtner T, Lloyd J W, Flach P A. Kernels and Distances for Structured Data ［J］. Machine Learning, 2004, 57, 205~232.

［12］ Gärtner T. A survey of kernels for structured data ［J］. SIGKDD Explorations, 2003, 5.

［13］ Girolami M. Mercer kernel based clustering in feature space ［J］. IEEE Transactions on Neural Networks, 2002, 13 （3）, 780~794.

［14］ Haussler D. Convolution kernels on discrete structures ［R］. Technical Report, Department of Computer Science, University of California at Santa Cruz, 1999.

［15］ Kondor R I, Lafferty J. Diffusion kernels on graphs and other discrete structures ［A］. In: Sammut, C. & Hoffmann, A. editors. Proceedings of the 19th International Conference on Machine Learning, Morgan Kaufmann, 2002, 315~322.

［16］ Krizhevsky A, Sutskever I, Hinton G E. Image Net classification with deep convolutional neural networks. In: Proceedings of Advances in Neural Information Processing Systems 25. Lake Tahoe, Nevada, USA: Curran Associates, Inc. 2012. 1097~1105.

［17］ He K, Zhang X, Ren S, Sun J. Deep residual learning for image recognition. arXiv preprint arXiv: 1512. 03385, 2015.

［18］Leslic C, Eskin E, Noble W S. The spectrum kernel: a string kernel for SVM protein classification. In Proceedings of the Pacific Symposium on Biocomputing, 2002, 564~575.

［19］Leslie C, Eskin E, Weston J, et al, 2003. Mismatch string kernels for SVM protein classification, Advances in Neural Information Processing Systems ［C］. MIT Press.

［20］Leslie C, Eskin E. The spectrum kernel: A string kernel for SVM protein classiffiation. In: Proceedings of the Paciffic Symposium on Biocomputing. Noble, 2002.

［21］Lin Z, Mu S, Shi A, Pang C, Sun X. A NOVEL METHOD OF MAIZE LEAF DISEASE IMAGE IDENTIFICATION BASED ON A MULTICHANNEL CONVOLUTIONAL NEURAL NETWORK, Transactions of the ASABE, 2018, 61 (5), 1461~1474.

［22］Lodhi H, Saunders C, Shawe-Taylor J, et al. TextClassification using String Kernels ［J］. Journal of Machine Learning Research, 2001, 2, 419~444.

［23］Lecun Y, Bengio Y, Hinton G. Deep learning ［J］. Nature, 2015, 521 (7553): 436~444.

［24］Mnih V, Kavukcuoglu K, Silver D, et al. Human-level control through deep reinforcement learning ［J］. Nature, 2015, 518 (7540): 529.

［25］Osuna E, Freund R, Girosi F. An improved training algorithm of Support Vector Machines ［C］ // Neural Networks for Signal Processing ［1997］ Ⅶ. Proceedings of the 1997 IEEE Workshop. IEEE, 1997.

［26］Platt, J. C. Sequential minimal optimization: A fast algorithm for training support vector machines ［R］. Technical Report MSR-TR-98-14, Microsoft Research, 1998.

［27］Ratsch G, Sonnenburg S. Learning Interpretable SVMs for Biological Sequence Classification ［J］. BCM Bioinformatics, 2004, 7 (1): S9.

［28］Ren S, He K, Girshick R, et al. Faster R-CNN: Towards Real-Time Object Detection with Region Proposal Networks ［J］. IEEE Transactions on Pattern Analysis & Machine Intelligence, 2017, 39 (6): 1137~1149.

［29］Rosipal R, Trejo L J, Cichocki A. Kernel principal component regression with emapproach to nonlinear principal components extraction. Technical report, 2000.

［30］Sainath T N, Kingsbury B, Saon G, et al. Deep Convolutional Neural Networks for large-scale speech tasks. ［J］. Neural Networks, 2015, 64: 39~48.

［31］Schmidhuber J. Deep learning in neural networks: An overview ［J］. Neural networks, 2015, 61: 85~117.

［32］Sladojevic S, Arsenovic M, Anderla A, et al. Deep Neural Networks Based Recognition of Plant Diseases by Leaf Image Classification ［J］. Computational Intelligence & Neuroscience, 2016, 2016 (6): 1~11.

［33］Sonnenburg S, Rätsch G, Schäfer C, et al. Large Scale Multiple Kernel Learning ［J］. Journal of Machine Learning Research, 2006, 7, 1531~1565.

［34］Syed N A, Liu H, Sung K K. Handling concept drifts in incremental learning with support vector machines ［C］ // Acm Sigkdd International Conference on Knowledge Discovery & Data Mining. ACM, 1999.

［35］Szegedy C, Liu N W, Jia N Y, et al. Going deeper with convolutions ［C］ // 2015 IEEE

Conference on Computer Vision and Pattern Recognition （CVPR）. IEEE Computer Society，2015.

［36］ Tsuda K，Kin T，Asai K. Marginalized kernels for biological sequences ［J］. Bioinformatics，2002，18，268~275.

［37］ Tom Mitchell. Machine Learning ［M］. 北京：机械工业出版社，2008.

［38］ Vedaldi A，Lenc K. MatConvNet：Convolutional Neural Networks for MATLAB ［J］. 2015.

［39］ Xiaoxiao Sun，Shaomin Mu，Yongyu Xu，et al. Image Recognition of Tea Leaf Diseases Based on Convolutional Neural Network ［C］. 2018 International Conference on Security，Pattern Analysis，and Cybernetics （SPAC），2018.

［40］ Zhihao Cao，Shaomin Mu，Mengping Dong. Image Retrieval Method Based on CNN and Dimension Reduction ［C］. 2018 International Conference on Security，Pattern Analysis，and Cybernetics （SPAC），2018.

［41］ 曹旨昊，牟少敏，孙肖肖，等. 基于 Android 的粘虫板害虫计数系统研究与实现 ［J］. 河南农业科学，2018，47 （10）：154~159.

［42］ 黄影平. 贝叶斯网络发展及其应用综述 ［J］. 北京理工大学学报，2013，33 （12）：1211~1219.

［43］ 李昆仑，黄厚宽，田盛丰. 一种基于有向无环图的多类 SVM 分类器 ［J］. 模式识别与人工智能，2003，16 （2）：164~168.

［44］ 李庆阳，王能超，易大义. 数值分析 （第 5 版） ［M］. 北京：清华大学出版社，2008.

［45］ 刘青，杨小涛. 基于支持向量机的微阵列基因表达数据分析方法 ［J］. 小型微型计算机系统，2005 （3）：363~366.

［46］ 刘志斌，陈军斌，刘建军. 最优化方法及应用案例 ［M］. 北京：石油工业出版社，2013.

［47］ 田宝玉，杨洁，贺志强，等. 信息论基础 （第 2 版） ［M］. 北京：人民邮电出版社，2016.

［48］ 唐贤伦，杜一铭，刘雨微，等. 基于条件深度卷积生成对抗网络的图像识别方法 ［J］. 自动化学报，2018，44 （5）：855~864.

［49］ 万昌华. 泰山古今林木变迁的考察 ［J］. 泰山学院学报，2015，37 （1）：76~82.

［50］ 王坤峰，苟超，段艳杰，等. 生成式对抗网络 GAN 的研究进展与展望 ［J］. 自动化学报，2017，43 （3）：321~332.

［51］ 王蕊，牟少敏，曹学成，等. 核机器学习方法及其在生物信息学中的应用 ［J］. 山东农业大学学报 （自然科学版），2012，43 （3）：407~412.

［52］ 尹传环，牟少敏，田盛丰，等. 单类支持向量机的研究进展 ［J］. 计算机工程与应用，2012，48 （12）：1~5，91.

［53］ 杨庆之. 最优化方法 ［M］. 北京：科学出版社，2015.

［54］ 于秀兰，陈前斌，王永. 信息论基础 ［M］. 北京：电子工业出版社，2017.

［55］ 张长水. 机器学习面临的挑战 ［J］. 中国科学：信息科学，2013，43 （12）：1612~1623.

［56］ 郑姣，刘立波. 基于 Android 的水稻病害图像识别系统设计与应用 ［J］. 计算机工程与科学，2015，37 （7）：1366~1371.

［57］ 周海廷. 机器学习与生物信息学 ［J］. 信息与控制，2003 （4）：352~357.

［58］ 周志华. 机器学习 ［M］. 北京：清华大学出版社，2016.

［59］ 张健，丁世飞，张楠，等. 受限玻尔兹曼机研究综述 ［J/OL］. 软件学报：1~18 ［2019-04~14］. https：//doi. org/10. 13328/j. cnki. jos. 005840.

［60］ 张军阳，王慧丽，郭阳，等. 深度学习相关研究综述 ［J］. 计算机应用研究，2018，35（7）：1921~1928，1936.

［61］ 崔文斌，牟少敏，王云诚，等. Hadoop 大数据平台的搭建与测试 ［J］. 山东农业大学学报（自然科学版），2013，44（4）：550~555.

［62］ 李磊，牟少敏，林中琦. 随机森林在棉蚜虫害等级预测中的应用 ［J］. 安徽农学通报，2017，23（1）：18~20.

［63］ 曹宏斌，张亮，林中琦. 基于用户分裂的资源扩散算法 ［J］. 中国电子科学研究院学报，2017，12（2）：159~163.

［64］ Cui W B，Mu S M，Yin C H，et al. Feature-Weighted Local Support Vector Machine of Particle Swarm Optimization ［J］. Applied Mechanics and Materials，2014，5：668~669.

［65］ 浩庆波，牟少敏，尹传环，等. 一种基于聚类的快速局部支持向量机算法 ［J］. 山东大学学报（工学版），2015，45（1）：13~18.

［66］ 王秀美，牟少敏，时爱菊，等. 局部支持向量回归在小麦蚜虫预测中的研究与应用 ［J］. 山东农业大学学报（自然科学版），2016，47（1）：52~56.

［67］ Wang X，Mu S，Shi A，et al. A Stacked Denoising Autoencoder Based on Supervised Pre-training ［M］//Smart Innovations in Communication and Computational Sciences. Springer，Singapore，2019：139~146.

［68］ Lin Z，Mu S，Shi A，et al. A novel method of maize leaf disease image identification based on a multichannel convolutional neural network ［J］. 2018.

［69］ 林中琦，牟少敏，时爱菊，等. 基于 Spark 的支持向量机在小麦病害图像识别中的应用 ［J］. 河南农业科学，2017，46（7）：148~153.

［70］ 王秀美，牟少敏，邹宗峰，等. 基于深度学习的小麦蚜虫预测预警 ［J］. 江苏农业科学，2018，46（5）：183~187.

［71］ 孙肖肖，牟少敏，许永玉，等. 基于深度学习的复杂背景下茶叶嫩芽检测算法 ［J］. 河北大学学报（自然科学版），2019，39（2）：211~216.

［72］ 董萌萍，牟少敏，曹旨昊，等. 基于 HBase 的农作物病虫害数据存储系统的研究与实现 ［J/OL］. 山东农业大学学报（自然科学版），2019（2）：1~5 ［2019-05-15］. http：//kns. cnki. net/kcms/detail/37. 1132. S. 20190301. 1542. 002. html.

冶金工业出版社部分图书推荐

书　名	作　者	定价(元)
智能控制理论与应用	李鸿儒　尤富强	69.90
计算机算法	刘汉英　陈基漓　董明刚　邓　昀	39.90
数据库应用技术	李海峰　刘　欢　张贯虹	48.00
C 语言程序设计	刘　丹　许　晖　孙　媛	48.00
Java 程序设计实例教程	毛　弋　夏先玉	48.00
编译原理课程辅导	莫礼平　周恺卿　宋海龙	39.00
虚拟现实技术及应用	杨　庆　陈　钧	49.90
网络系统设计与管理	黄光球	47.00
自动控制原理及应用项目式教程	汪　勤	39.80
Python 程序设计基础项目化教程	邱鹏瑞　王　旭	39.00
C 语言程序设计	陈礼管	39.80
智造创想与应用开发研究	廖晓玲　徐文峰　徐紫宸	35.00
智能生产线技术及应用	尹凌鹏　刘俊杰　李雨健	49.00
5G 基站建设与维护	龚猷龙　徐栋梁	59.00
遥感实验教程	况润元　李海翠　艾云婵　等	38.00
模型驱动的软件动态演化过程与方法	谢仲文	99.90
基于创新链的复杂系统创新与应用	刘思伟　徐素梅　贺　川	40.00
网络化制造环境下多级闭环供应链协调优化控制技术	白　力　王罗春　宗海峰　等	79.00
制造云服务选择与组合优化研究	马文龙	70.00
机器人技术基础（第 2 版）	宋伟刚	35.00
数据挖掘学习方法	王　玲	32.00
高质量合金钢轧制有限元模拟及优化	洪慧平	68.00
计算机算法	刘汉英　陈基漓　董明刚　邓　昀	39.9
改进型遗传算法及其应用	冯宪彬　丁　蕊	32.00
模糊聚类算法及应用	蔡静颖	27.00
粒子群优化算法	李　丽	20.00
算法分析与设计	邓向阳　万婷婷	30.00
数据结构与算法	李乔祥	30.00
PLC 控制技术与程序设计	王鹏飞　李　旭	46.00
我国装备制造业与生产性服务业融合研究	张维今　王淑梅	68.00
C++程序设计实验教程	姚望舒	25.00
基于虚拟仿真技术的足球运动智慧化训练	金　刚　肖　冬	68.00
电子产品生产必会技能	李宗宝	52.00
基于深度学习和虚拟仿真的足球智能训练教程	肖　冬　金　刚　牛晋博　李明宇	68.00
Multisim 虚拟工控系统实训教程	王晓明　沈明新	20.00